职业教育食品类专业教材

食品安全管理

张 磊 王 薇 **主编**

中国轻工业出版社

图书在版编目（CIP）数据

食品安全管理 / 张磊，王薇主编. — 北京：中国轻工业出版社，2024.4

ISBN 978-7-5184-4383-3

Ⅰ. ①食… Ⅱ. ①张… ②王… Ⅲ. ①安全生产—生产管理—岗位培训—教材 Ⅳ. ①X93

中国国家版本馆CIP数据核字（2023）第036012号

责任编辑：张　靓　　责任终审：劳国强　　设计制作：锋尚设计
文字编辑：王　婕　　责任校对：郑佳悦　晋　洁　　责任监印：张　可

出版发行：中国轻工业出版社（北京鲁谷东街5号，邮编：100040）
印　　刷：艺堂印刷（天津）有限公司
经　　销：各地新华书店
版　　次：2024年4月第1版第1次印刷
开　　本：787×1092　1/16　印张：11.75
字　　数：300千字
书　　号：ISBN 978-7-5184-4383-3　定价：52.00元
邮购电话：010-85119873
发行电话：010-85119832　010-85119912
网　　址：http://www.chlip.com.cn
Email：club@chlip.com.cn

221534J3X101ZBW

本书编写人员

主　编　张　磊　王　薇

副主编　张旭升

参　编　蔺　瑞　刘　娅　于　超　刘　蕊
　　　　李　岩　吴　昊

前言

食品安全管理是食品加工工艺、食品安全与检测技术等专业的一门核心课程。

本教材根据食品安全员岗位真实的工作任务设置学习情境，以典型性、实践性、职业性、先进性为原则选取工作任务，在此基础上，对其进行转换、补充，并结合相关理论知识，使之成为学习任务，同时融入职业素质和课程思政内容，使学生在掌握理论知识、专业技能的同时，逐步形成和提高个人职业素养及爱国主义情怀。

教材编写以食品安全员岗位需要的能力为主线，依据国家标准，由简单到复杂、由单项到综合安排学习任务。通过“即问即答”等环节设置，调动学生学习积极性。学生通过完成不同的任务，掌握食品安全管理全过程工作技能，实现职业能力的提高。本教材共包含10个模块：食品安全员职业素养，食品生产许可，食品生产环境管理，食品生产设备、器具及包装材料管理，食品生产人员管理，食品原料管理，食品生产过程管理，食品安全应急管理，实验室安全管理，食品质量管理设计与常用工具。通过学习，使学生掌握食品安全员的理论知识，食品安全员岗位的应用性知识；学会基本管理操作规范和技能，具备食品安全责任意识和严谨求实、客观公正、爱岗敬业的职业素质。

本教材可作为食品类及其相关专业的教材或教学参考书，还可供从事食品安全检验和食品生产等领域的专业人员参阅，为食品安全管理提供一定的理论依据。

本教材由多年从事食品安全生产教学的骨干教师和企业专家，在充分调研企业岗位要求和学校教学需求的基础上进行编写。在编写过程中参阅了大量的书籍和文献，同时得到了中国肉类食品综合研究中心、北京义利食品有限公司、北京三元食品股份有限公司、北京市产品质量监督检验院、北京一轻产品质量检测有限公司、北京一轻食品集团有限公司、中国食品发酵工业研究院等的大力支持。杨晶、赵栩楠、刘倩、卢凯、王晓茜、李艳为本教材的编写做了大量工作，在此表示诚挚的感谢。

由于时间和编者水平有限，书中不妥之处在所难免，恳请读者批评指正。

目 录

模块一　食品安全员职业素养

学习目标

知识目标

1. 能说出职业道德的基本内容。
2. 能解释环境污染对食品安全性的影响。
3. 能对不同垃圾进行正确分类。
4. 能说明火灾发生后的基本扑救方法。

技能目标

1. 能对食品安全问题进行分析，并提出预防措施。
2. 能对实验中出现的事故进行正确应急处理。
3. 能根据着火物质的不同，正确选择和使用灭火器。

素养目标

1. 培养食品安全意识，增强保障人民群众“舌尖上的安全”的责任感和使命感。
2. 树立实验安全意识和消防安全意识，增强自防自救能力。
3. 具备严谨的工作态度，实事求是，养成规范的职业素养和良好的职业习惯。

情境导入

食品安全不仅依靠生产技术和监督管理，更要依靠行业自律和诚信。近几年来我国发生的食品安全事件多数是职业道德缺失造成的。道德缺失成为了一个行业问题，小型食品企业存在道德缺失的问题，大中型企业也存在这个问题，不仅在生产领域存在道德缺失，而且在营销领域也存在。在食品产业链的各个环节，相关利益主体为了非法取得利益丧失诚信，必然导致食品安全问题。

思考：

作为食品行业相关从业人员，应该具备哪些职业素养呢？

知识导学

一、知识归纳思维导图

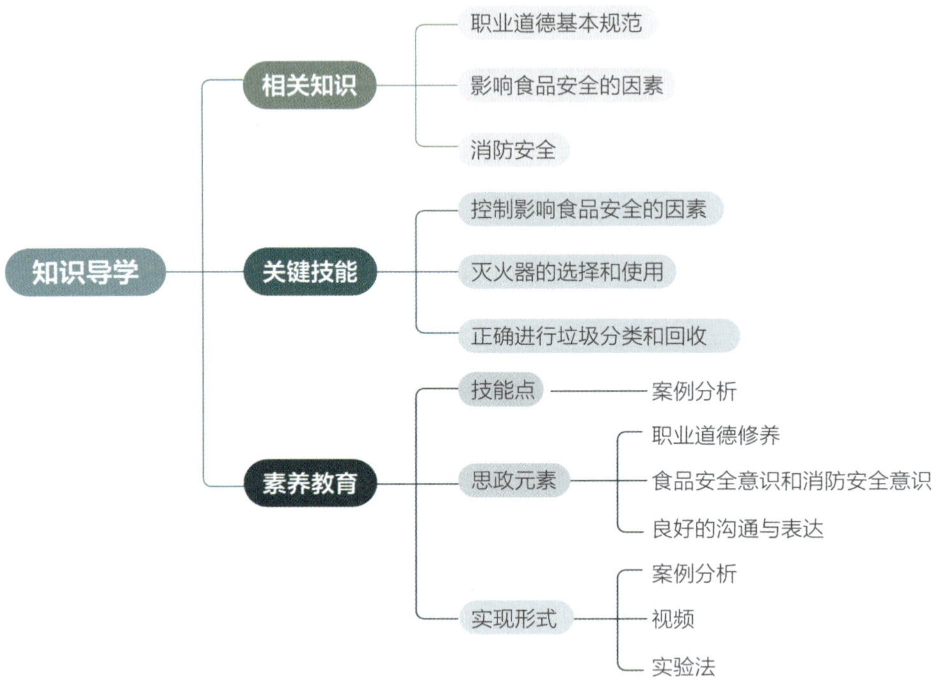

二、学习引导

资源链接：GB 14881—2013《食品安全国家标准　食品生产通用卫生规范》《中华人民共和国食品安全法》《中华人民共和国消防法》《公共机构生活垃圾分类工作评价参考标准》等（见附录）。

食品安全员职业素养学习课件

必备知识

一、职业道德

（一）职业道德基本知识

1. 职业道德的概念

所谓职业道德，就是从事一定职业的人们在其特定工作或劳动中的特殊行为规范的总和。它既是对从业人员在职业活动中的行为要求，又是本行业对社会所承担的道德责任和义务。良好的职业道德，不仅可以协调人与人之间的关系，维持良好的社会风气，而且能提高行业的形象与威信。

2. 职业道德的特征

（1）职业性　职业道德的内容与职业实践活动紧密相连，反映着特定职业活动对从业人员行为的道德要求。每一种职业道德都只能规范本行业从业人员的职业行为，在特定的职业范围内发挥作用。

（2）实践性　职业行为过程就是职业实践过程，只有在实践过程中，才能体现出职业道德的水准。职业道德的作用是调整职业关系，对从业人员职业活动的具体行为进行规范，解决现实生活中的具体道德冲突。

（3）继承性　在长期实践过程中形成的职业道德规范，会被作为经验和传统继承下来。即使在不同的社会经济发展阶段，同样一种职业因服务对象、服务手段、职业利益、职业责任和义务相对稳定，职业行为的道德要求的核心内容将被继承和发扬，从而形成了被不同社会发展阶段普遍认同的职业道德规范。

（4）多样性　不同的行业和不同的职业，有不同的职业道德标准。

3. 职业道德的基本内容

（1）爱岗敬业　爱岗就是热爱自己的本职工作，为做好工作尽心尽力；敬业就是以恭敬严肃的态度对待自己的职业，对工作一丝不苟，全身心地投入工作。爱岗敬业是为人民服务精神的具体化，是人们对从业者工作态度的普遍要求，是国家对从业者的最基本的期待，是从业者敬重人民、敬重自己的具体体现。

（2）诚实守信　诚实守信就是为人忠诚，待人诚恳，真心诚意，不虚假，不欺诈，认真履行自己承担的义务，遵守承诺，讲究信用，注重质量和信誉。

诚信是一个人为人处世的基本准则，一个人在社会交往活动中要讲真话、办实事，忠于事物的本来面目，不歪曲、不篡改事实，办事讲信用，信守诺言。

即问即答1-1

关于诚实守信的说法，你认为不正确的是（　　）。

A. 诚实守信是市场经济法则

B. 诚实守信是企业的无形资产

C. 诚实守信是为人之本

D. 奉行诚实守信的原则在市场经济中必定难以立足

（3）办事公道　办事公道是指从业人员在处理职业活动的事务中要站在公平、公正的立场上，主持正义，不偏不倚。办事公道是对每个从业人员的基本要求，是为人民服务必不可少的条件，同时也是从业人员对社会、对人民应尽的责任和义务。

（4）服务群众　服务群众就是要求在职业活动中一切从人民群众利益出发，为群众着想，为群众办事，为群众提供高质量的服务。服务群众就是为人民服务，它是职业行为的本质，是每个职业劳动者必须遵守的职业道德基本规范。

（5）奉献社会　奉献社会就是要求从业人员在自己的工作岗位上树立奉献社会的职业精神，并通过兢兢业业的工作自觉为社会和他人做贡献。奉献社会是社会主义职业道德的最高要求，也是社会主义职业道德的最高境界。

（二）职业守则

（1）遵纪守法，遵守国家法律、法规和企业各项规章制度。

（2）认真负责，严于律己，不骄不躁，吃苦耐劳，勇于开拓。

（3）刻苦学习，钻研业务，努力提高思想、科学文化水平。

（4）爱岗敬业，秉公执法，团结同志，协调配合。

二、食品安全

（一）食品安全基础知识

1. 食品安全的概念

《中华人民共和国食品安全法》对食品安全的定义为：食品安全是指食品无毒、无害，符合应当有的营养要求，对人体健康不造成任何急性、亚急性或者慢性危害。

食品安全是相对的。食品的相对安全性，是指一种食物或成分在合理食用和正常食量的情况下不会导致对健康的损害。

2. 食品安全概念的内涵

食品安全包含多方面的安全，主要有以下几种。

（1）食品卫生安全　食品的基本要求是卫生和具有必要的营养，其中食品卫生是食品的最基本要求。强调保证食品卫生，是解决吃得干净不干净、有害与无害、有毒与无毒的问题，也就是食品安全与卫生的问题。食品卫生是指为确保食品安全性和适用性在食物链的所有阶段必须采取的一切条件和措施。食品安全是以食品卫生为基础的。

（2）食品质量安全　食品质量安全是指食品品质的优劣程度，包括食品的外观和内在品质，外观品质如色、香、味、形，内在品质包括营养成分、卫生状况等。食品要符合产品标准规定的应有的营养要求，卫生要求和相应的色、香、味、形等感官性状。

（3）食品营养安全　食品的营养成分指标要平衡、结构要合理。食品必须要有营养，如蛋白质、脂肪、维生素、矿物质、纤维素等各种人体生理需要的营养素要达到国家相应的产品标准，确保食品的营养安全。

（4）食品数量安全　食品数量安全是指食品数量满足人民的基本需要，从数量的角度，要求人们既能买得到、又能买得起生存生活所需要的基本食品。

（5）食品生物安全　食品生物安全是指现代生物技术的研发、应用以及转基因生物的越境转移，可能会对生物多样性、生态环境和人体健康及生命安全产生潜在的不利影响，特别是各类转基因动植物的研发利用，可能会对人类构成潜在风险与威胁。

（6）食品可持续性安全　从发展的角度，要求食品的获取要注重生态环境保护和资源利用的可持续性。

（二）环境污染对食品安全性的影响

环境污染与食品安全问题的关系十分密切，与人类健康直接相关的由环境污染导致的食品安全性问题，严重制约了人类社会的发展。

1. 环境污染与食品安全性的关系

环境污染是指有害物质或因子进入环境，并在环境中扩散、迁移、转化，使环境系统与功能发生变化，导致环境质量下降，对人类及其他生物的正常生存和发展产生不良影响的现象。

由环境污染造成的食品安全性问题，主要发生在动植物的生长过程中。通常天然的动植物食品原料很少含有有害物质，但在这些动物、植物的生长过程中，由于呼吸、吸收（或摄食）、饮水而使环境污染物质进入或积累在动植物体中，从而影响食品的安全性。

2. 各种环境污染对食品安全性的影响

（1）大气污染对食品安全性的影响　在正常条件下，空气中就有很多微生物。在特殊条件下，一些病原微生物不断侵入局部空间，尤其在室内或厩舍通风不良、人员或动物拥挤的情况下，病原微生物可以通过空气污染传播，常见的有流感病毒、麻疹病毒、白喉病毒、肺炎球菌等。一些引起人畜共患病的病原微生物在污染食品后，还有可能导致人和动物之间的疫病流行。

大气污染物的种类很多，主要来源为矿物燃料（如煤和石油等）燃烧和工业生产。大气污染物对农作物的危害种类也很多，如SO_2、NO_2、Cl_2、HCl、氧化剂、氟化物、汽车尾气、粉尘等。长期暴露在污染空气中的动植物，由于其体内外污染物增多，可造成其生长发育不良或受阻，甚至发病或死亡。人类食物来自动、植物，因而影响食品的安全性。

（2）水体污染对食品安全性的影响　水体污染引起的食品安全性问题，主要是通过污水中的有害物质在动、植物中累积而造成的。污染物质随污水进入水体以后，能够通过植物的根系吸收向地上部分以及果实中转移，使有害物质在作物中累积，同时也能进入生活在水中的水生动物体内并蓄积。有些污染物（如汞、镉）当其含量远低于引起农作物或水体动物生长发育危害的量时，就已在体内累积，使其可食用部分的有害物质的累积量超过食用标准，对人体产生危害。另一种情况是，污水中的有害物质在植物体内积累达到对人、畜产生危害的量时，对作物本身的产量和外观性状仍无明显影响，从而往往被人忽视。

水体污染能直接引起污染水体中水生生物中有害物质的积累，而对陆生生物的影响主要通过污灌的方式进入，从而影响食品的安全性。

（3）土壤污染对食品安全性的影响　有害物质进入土壤，如果其数量超过一定的限度，就会在土壤里累积，从而影响作物生长，并使有害物质在作物内残留或积累，影响食品的安全性。土壤污染的发生途径首先是农用施肥、农药施用和污灌，污染物质进入土壤并随之积累。其次，土壤作为废物（垃圾、废渣和污水等）的处理场所，使大量的有机和无机的污染物质进入土壤；最后，土壤作为环境要素之一，因大气或水体中的污染物质迁移和转化，而进入土壤。

土壤污染的特点是进入土壤的有害物质迁移的速度较缓慢；污染达到一定程度后，即使中断污染源，土壤也很难复原。

即问即答1-2

以下不属于环境污染对食品安全性影响的是（　　）。

A. 大气污染　　　　B. 滥用食品添加剂

C. 土壤污染　　　　D. 水体污染

（三）食品的生物性危害及预防

食品中的生物性危害主要是指生物（尤其微生物）本身及其代谢过程、代谢产物（如毒素）对食品原料、加工过程和产品的污染，这种污染会对食品消费者的健康造成损害。

生物性危害主要包括细菌、真菌、病毒及寄生虫。

1. 细菌性危害及预防

（1）食品细菌污染的途径　食品中常见的细菌称为食品细菌，它包括致病菌、机会致病菌和非致病菌三类。致病菌污染食品后能使人致病，引起食物中毒，如伤寒杆菌、痢疾杆菌等；机会致病菌在通常条件下并不致病，当条件改变时，特别是当人体抵抗力下降时，就有可能致病，这些细菌包括变形杆菌、大肠杆菌、葡萄球菌等；非致病菌一般不引起疾病，但它们与食品的腐败变质有密切关系，是评价食品卫生质量的重要指标，这些细菌往往使食品出现特异的感官性状，如假单胞菌属、微球菌属等。

细菌污染食品的途径主要有三个方面：一是对食品原辅料的污染；二是食品加工环境对

食品的污染；三是在食品储存、运输、销售中对食品造成的污染。

（2）食品细菌污染的危害　食品的细菌污染是造成人类食源性疾病最常见的原因，也是引起食品腐败变质的主要原因。据世界卫生组织估计，全世界每年数亿计的食源性疾病患者中，70%是由于各种致病性微生物污染的食品和饮用水引起的。

（3）预防食品细菌污染的措施

①在食品生产经营过程中实施卫生操作规程，加强食品原料、加工、运输、销售等环节的卫生管理，防止细菌对食品的污染。

②控制细菌的生长繁殖，对影响细菌生长繁殖的主要环境因素，如温度、时间、水分等采取相应的控制措施，要控制致病菌产生毒素的各种条件。

③食用前彻底加热杀灭食品中的病原菌。生产加工中的杀菌过程，其杀菌温度和时间必须按操作规程严格执行。

④保证食品从业人员的个人卫生，食品从业人员每年必须进行一次健康检查，取得健康合格证后方可上岗。

2. 真菌性危害及预防

真菌是微生物中的高级生物，其形态和构造比细菌要复杂。单细胞真菌如酵母菌和部分霉菌，多细胞真菌如大多数霉菌和食用菌。有些真菌对人类是有益的，但有些有害。污染食品的真菌主要来自霉菌及其毒素，下面主要介绍霉菌和霉菌毒素的污染。

（1）霉菌和霉菌毒素污染的主要途径

①原料。农作物在田间生长时可能受到霉菌的污染，收获后粮食不及时干燥或储藏环境的温湿度较大，也易生长霉菌或产生毒素。

②环境。空气、水、土壤中含有大量的霉菌，这些霉菌可通过接触污染食品。

③运输工具。运输工具清洗消毒不彻底，会导致食品在运输过程中被污染。

④容器和设备。食品车间内的容器和设备上若附着霉菌，也可对食品造成污染。

（2）食品中霉菌及其毒素污染的危害

①霉菌污染食品使其变质，霉菌产生的毒素会引起人类的中毒。霉菌污染食品可使食品的使用价值降低，甚至完全不能食用。

②食用被霉菌和霉菌毒素污染的粮食、油料作物以及发酵食品等，会引起霉菌毒素中毒。霉菌中毒往往表现为明显的地方性和季节性，以南方多雨地区多见。

（3）防霉措施

①降低食品中的水分含量，使粮食中的水分降低到安全水分以下，从而不易发霉。

②构建缺氧的环境，减少食品表面环境的氧浓度。

③食品储存环境要保持通风、干燥，可大幅度降低霉菌产毒的数量。

④使用防霉剂。

3. 病毒性危害及预防

病毒是一种非细胞形态的微生物，不像细菌，它是无生命的。当它寄宿在宿主细胞（人体细胞）上时能迅速繁殖生长，侵害宿主细胞，抵抗抗生素药物，危害人体健康。病毒可通过污染水源、感染食品加工人员等途径污染食品。

常见污染食品和危害健康的病毒和亚病毒有：甲型肝炎病毒（HAV）、诺如病毒、脊髓灰质炎病毒、口蹄疫病毒等。

预防病毒性污染的措施有：①防止病毒污染食物，如不要用被粪便污染的水去灌溉庄稼；②要保持食品厂区的卫生清洁，食品从业者必须遵从正确的卫生习惯；③保证饮用水的安全，饮用水必须来自安全地方或被正确处理过；④食品要加热并煮熟煮透后食用，不吃半生不熟的食物，不生吃海鲜等。

4. 寄生虫、昆虫类的危害及预防

（1）寄生虫污染　寄生虫是寄生在人或动物体内的有害生物，可诱发人畜共患病和其他食源性疾病，危害人体健康。常见的寄生虫主要有蛔虫、绦虫、旋毛虫、弓形虫等，这些寄生虫一般都是通过病人、病畜的粪便污染水源、土壤，然后再使鱼类、牲畜、水果、蔬菜受到污染，人吃了以后会引起寄生虫病。

预防寄生虫污染的措施有：①要做好家畜饲养卫生工作，如饲料的卫生、饲养环境的卫生；②注重个人卫生，做到饭前、便后要洗手；③在肉品加工中，所用的用具应生熟分开，防止交叉感染；④肉及肉制品要烧熟煮透，不吃不洁的瓜果蔬菜等。

（2）昆虫类污染　昆虫污染主要包括甲虫、螨类、蛾类、蟑螂以及动物食品和发酵食品中的蝇、蛆等。粮食和各种食品的储存条件不良，容易滋生各种仓储害虫。例如粮食中的甲虫类、蛾类和螨类；鱼、肉、酱或咸菜中的蝇蛆以及咸鱼中的干酪蝇幼虫等。此外还有老鼠等有害动物的污染。这些污染不仅会造成经济损失，而且会影响食品质量和危害人体健康。

预防昆虫类污染的措施有：①注意食品生产加工车间卫生管理，车间应保持完好，环境整洁；②定期使用物理、化学、生物各种方法进行除虫灭害工作；③食品入库前、储藏中和进口时，要进行食品虫害检验检疫。

即问即答1-3

下面（　　）属于致病菌。

A. 伤寒杆菌　　B. 变形杆菌

C. 大肠杆菌　　D. 葡萄球菌

（四）食品的化学性危害及预防

化学性危害是指食品中的天然有害物质和有害的化学物质污染食品而引起的危害。

食品中的化学危害主要包括农药残留、兽药残留、重金属、食品添加剂、天然毒素、包装迁移物、食品加工过程中产生的物质（如*N*-亚硝基化合物、多环芳烃、杂环胺、丙烯酰胺等）、清洁消毒剂等。

1. 农药残留

农药残留是指任何由于使用农药后而残留于食品、农产品和动物饲料中的微量农药原体、农药转化物、代谢物、反应产物及其杂质的总称。当食物中的农药超过最大残留限量（MRL）时，将会对人畜直接产生危害或通过食物链对生态系统中的生物造成毒害。常见的农药有有机氯类、有机磷类、氨基甲酸酯类、拟除虫菊酯类、除草剂、有机硫、有机砷等。

残留农药的危害与农药的种类及残留量有关，并不是所有含农药残留的食品都会引起中毒，如果食品污染较轻、农药残留量低、食用量较小，往往只有头痛、头昏、无力、恶心、精神差等一般性表现；但当农药污染较重，进入体内的农药量较多时就可出现明显的不适，如呕吐、腹泻，严重可出现全身抽搐、昏迷、心力衰竭甚至死亡。

控制农药残留污染的措施有：①加强农药管理，严格执行农药使用规定；②禁止和限制某些农药的使用范围，如茶叶禁止使用DT杀菌剂、六氯环己烷（BHC）；③严格遵守施药与作物收获的间隔期；④严格执行农药在食品中的残留量标准，使用高效低残留农药；⑤加工时选择符合农残标准的原料，或采用充分洗涤、削皮、加热等处理去除农药。

2. 兽药残留

兽药残留是指对可供人食用的动物用药后，动物产品的任何可食部分中所含原型药物或其代谢物、反应产物及其杂质的残留。

兽药分为抗生素类、磺胺药类、呋喃药类、抗球虫类、激素药类、生长促进剂和驱虫药类等。大量长期使用抗生素、饲料添加剂等，会使动物体内（尤其是动物肠道内）的细菌产生耐药性，给临床上感染性疾病的治疗带来困难，干扰菌群和体内激素的正常功能；兽药残留还可引起过敏性反应和变态反应，如皮炎、荨麻疹、白细胞减少等；兽药在体内蓄积后会产生毒性作用，如磺胺类药物可引起肾损害、氯霉素能够导致再生障碍性贫血、链霉素可引起药物性耳聋、己烯雌酚有致癌性等。

多种农药和兽药之间的毒性可能产生联合协同作用，其毒性更大。另外，农药和兽药均有二次中毒特性。它们的分解物、动物或人体内的代谢物也可能有毒性，甚至毒性更强。

控制兽药污染的措施有：①科学合理使用兽药，严禁使用违禁兽药，做好用药记录；②严格执行休药期制度，用药期内动物不用于食品消费；③加强监督检测工作，严格限制兽药残留；④使用合适的加工及食用方式。

3. 重金属

有些金属，正常情况下人体只需极少的数量或者人体可以耐受极少的数量，剂量稍高，即可出现毒性作用，这些金属称为有毒金属或金属毒物，如重金属汞、镉、铅、铬、砷等。食品污染中以镉、铅、汞、砷等污染最为严重。

大量食用被镉污染的食物，可引起急性中毒，症状为急性胃肠炎症状。长期摄入含镉较高的食品，可引起慢性镉中毒，主要症状为肺气肿、肾功能损害、支气管炎、高血压、贫血、牙齿颈部黄斑，严重时患“痛痛病”，症状初期为腰背疼痛，以疼痛为主，以后逐渐扩及全身，患者骨质疏松，极易骨折。铅的毒性主要是由于其在人体内的长期蓄积所造成的神经性和血液性中毒，表现为贫血、多发性神经炎、知觉紊乱、学习能力下降等，严重时出现易怒、头痛、肌肉震颤、运动失调和记忆丧失，再严重时出现肾衰竭、痉挛、昏迷等症状。

减少重金属污染的措施有：①禁止使用含有毒重金属的农药、化肥等化学物质，如含汞、砷、铅等的制剂，严格管理农药、化肥的使用。②严格限制使用含砷、铅等金属的食品加工用具、管道、容器和包装材料，以及含有重金属的添加剂和各种原料。③减少环境污染，严格按照环境标准执行工业废水、废气、废渣的排放。④完善食品安全标准，加强对食品监督检测工作。

4. 食品添加剂

食品添加剂是为改善食品色、香、味等品质，以及为防腐和加工工艺的需要而加入食品中的人工合成或者天然物质。食品添加剂的主要作用有：利于保存，防止变质；改善食品的感官性状；保持或提高食品的营养价值；增加食品的品种和方便性；有利于食品加工，适应生产机械化和自动化；满足其他特殊需要等。

经政府部门批准的食品添加剂，按照国家标准的使用范围、使用量添加到食品中，对消费者的健康没有影响，是安全可靠的。如果超范围、超剂量使用食品添加剂，将会对人体健康造成危害，甚至会有致畸性、致癌性和致突变性。

对食品添加剂的控制措施有：①严格执行生产食品添加剂的生产许可审批程序，确保生产源头质量；②严格执行GB 2760—2014《食品安全国家标准　食品添加剂使用标准》；③提高食品从业人员对食用食品添加剂的安全卫生意识。

5. 其他化学污染

食品在生产加工、储藏、运输销售过程中，可能接触的各种容器、用具、包装材料以及食品容器的内壁涂料等，在与食品接触中，某些材料的成分可能迁移或者溶解到食品中，造成食品的化学性污染，危害人体健康。对于食品容器、包装材料的生产厂应严格执行相关卫生标准，检验合格方可出厂使用。食品加工过程中也可形成有害物质，如*N*-亚硝基化合物、多环芳烃以及杂环胺等，会对人体造成较强危害。往往可以通过限制硝酸盐和亚硝酸盐的使用量、改进加工工艺和设备、加强“三废”管理等方式预防。

即问即答1-4

下列（　　）不属于食品的化学性污染。

A. 农药残留　　B. N-亚硝基化合物

C. 真菌污染　　D. 瘦肉精

（五）食品的物理性危害及预防

食品中的物理性危害（杂质危害）通常是指食品生产加工过程中外来的物体或异物，包括产品消费过程中可能使人致病或导致伤害的任何非正常的物理物质。

物理性危害包括玻璃、金属、骨头、沙石、木屑、毛发、线毛、塑料、昆虫的残体等食品以外的异物。与生物性危害相比，物理性危害的显著特征就是凭借肉眼基本可以看见。

1. 物理性危害的污染途径

（1）原辅料污染　原辅料源头含有杂质或在存储、运输过程中受污染，如夹带金属、砂石、骨头、木屑、灰尘、包装残留物等的原料。

（2）生产环境、设施污染　车间内设施破损未及时修补。

（3）设备、工器具污染　与原料、半成品、成品接触的设备与工器具未按标准使用不易脱落的材料制作。

（4）人员污染　由进入生产现场的人员直接或间接接触原辅料、设备和器具、包装或未包装的产品等造成污染，如头发、钥匙等。

（5）虫害污染　由昆虫、鸟类、啮齿类动物等生物直接或间接污染生产环境、生产设备、所用原辅料等。

2. 物理性危害的预防措施

（1）加强食品加工过程的监督管理和设备维护，严格执行良好生产操作规范。

（2）加强原辅料进厂检验。

（3）采用先进的加工工艺设备和检验设备，如金属探测器、吸铁石和过滤器等。

（4）严格规章制度，强化食品从业人员培训，做好卫生清洁。

即问即答1-5

食品物理性危害污染的主要途径是（　　）。

A. 器械接触污染　　B. 储存过程中污染

C. 运输过程中污染　　D. 以上均正确

（六）食品的放射性危害及预防

放射性污染指的是食品可以吸附或吸收外来的放射性核素的污染，主要是通过水及土壤污染农作物、水产品、饲料等，经过生物圈进入食品，并且可通过食物链进行转移。

1. 污染途径

（1）放射性沉降物的污染　放射性沉降物播散的范围很广，往往可以沉降到整个地球表面，而且沉降很慢，一般需要几个月甚至几年才能落到大气对流层或地面，产生全球性污染。

（2）核废物排放的污染　通过“三废”排放污染环境从而污染食品，特别是对水源的污染。

（3）意外事故泄漏造成的局部性污染　可使食品含有相当高的放射性物质。

2. 危害

放射性物质经消化道、呼吸道、皮肤这三种途径进入人体后，对人体造成危害，主要表现为对免疫系统、生殖系统的损伤，可诱发恶性肿瘤和白血病，致癌、致畸、缩短人的寿命等。

3. 预防措施

（1）加强对放射性污染源的经常性监督，做好放射性源的管理、放射性废弃物的处理与净化工作。

（2）定期进行食品监测，严格执行国家标准，使食品放射性污染量控制在限制浓度范围以内。

即问即答1-6

放射性物质经（　　）途径进入人体。

A. 消化道　　B. 呼吸道

C. 皮肤　　D. 以上均正确

（七）食物中毒和食源性疾病

1. 食物中毒

食物中毒是指人体食用了被生物性、化学性等有毒有害物质污染的食品后出现的非传染性的急性、亚急性食源性疾病。食物中毒的发生一般与摄取某种食物有关，发病潜伏期短、来势急剧，呈爆发性，中毒症状基本相似（恶心、呕吐、腹痛、腹泻、头晕、无力等），一般无人与人之间的直接传染。

食物中毒按照病原物质的不同分为细菌性食物中毒、真菌性食物中毒、有毒动植物中毒、化学性食物中毒、其他五种类型。

（1）细菌性食物中毒　细菌性食物中毒是指人体摄入被细菌和细菌毒素污染的食品而引起的急性或亚急性疾病，是食物中毒最常见的一类，发病率高、有明显的季节性。引起细菌性食物中毒的细菌主要有沙门氏菌、大肠杆菌、副溶血性弧菌、葡萄球菌、肉毒梭菌等。

（2）真菌性食物中毒　真菌性食物中毒是指人摄入被真菌及其毒素污染的食品而引起的急性疾病。引起真菌性食物中毒的真菌主要有黄曲霉等。

（3）有毒动植物中毒　有毒动植物引起的食物中毒是指人误食有毒动植物或食入因加工、烹调方法不当未除去有毒成分的动植物食物而引起的食物中毒。其中，动植物性中毒主要是河豚中毒、含高组胺鱼类中毒、豆角中毒、生豆浆中毒、蘑菇中毒、发芽马铃薯中毒等。

（4）化学性食物中毒　化学性食物中毒是指人误食有毒化学物质或食入被有毒化学物质污染的食品而引起的食物中毒，常见的化学性食物中毒主要有农药、砷化物、多氯联苯、亚硝酸盐等。

（5）其他　一些由于人为因素引起的食物中毒，如投毒事件。这些事件危害人民群众身体健康，扰乱社会稳定团结。

2. 食源性疾病

（1）食源性疾病的概念及分类　我国颁布实施的《中华人民共和国食品安全法》规定：食源性疾病指食品中致病因素进入人体引起的感染性、中毒性等疾病。致病因子包括细菌、病毒、寄生虫、有毒有害化学物质和天然毒素等。食源性疾病包括食物中毒、经食品感染的肠道传染病（如痢疾）、食源性寄生虫病、食源性变态反应性疾病、食物污染引起的慢性中毒疾病等。

（2）预防措施

①在食品生产、加工、销售、储藏、运输各个环节防止食品被污染。

②加强食品从业人员的食品安全意识，严格健康体检和上岗制度。

③增强消费者自我防范保护意识。

三、安全卫生、环境保护知识

（一）垃圾分类与回收

垃圾分类，一般是指按一定规定或标准将垃圾分类储存、投放和搬运，从而转变成公共资源的一系列活动的总称。垃圾分类的目的是提高垃圾的资源价值和经济价值，减少垃圾处理量和处理设备的使用，降低处理成本，减少土地资源的消耗，具有社会、经济、生态等多方面的效益。

1. 垃圾的分类

垃圾主要分为可回收垃圾（可回收物）、厨余垃圾、有害垃圾和其他垃圾四类。不同的垃圾要投放到不同颜色的分类垃圾桶中，可回收垃圾（可回收物）用蓝色垃圾桶收集，厨余垃圾用绿色垃圾桶收集，有害垃圾用红色垃圾桶收集，其他垃圾用灰色垃圾桶收集，如图1-1所示。

（1）可回收垃圾（可回收物） 可回收垃圾（可回收物）是具有再生利用价值，能进入废品回收渠道的垃圾，主要包括废纸、塑料、玻璃、金属和布料五大类。这些垃圾通过综合处理回收利用，可以减少污染，节省资源。

（2）厨余垃圾 厨余垃圾是厨房产生的食物类垃圾以及果皮等，主要包括剩菜剩饭、骨头、菜根菜叶、动物骨骼内脏、茶叶渣、水果残余、果壳瓜皮、盆景等植物的残枝落叶、废弃食用油等食品类废物。

（3）有害垃圾 有害垃圾是指含有对人体健康有害的重金属、有毒的物质或者对环境造成现实危害或者潜在危害的废弃物，主要包括电池（蓄电池、纽扣电池等）、废旧电子产品、荧光灯管、灯泡、水银温度计、油漆桶、部分家电、过期药品及其容器、过期日用化妆品、杀虫剂容器、除草剂容器、废弃水银温度计、废油漆桶、废打印机墨盒、硒鼓等。这些垃圾一般使用单独回收或填埋处理。

（4）其他垃圾 除上述几类垃圾之外的砖瓦陶瓷、渣土、卫生间废纸、纸巾等难以回收的废弃物危害比较小，没有再次利用价值。一般采取填埋、焚烧、卫生分解等方法处理。

2. 垃圾处理的注意事项

在生产生活中产生垃圾时，应将垃圾按要求做到分类储存或投放，并注意做到以下几点。

（1）垃圾收集 收集垃圾时，应做到密闭收集、分类收集，防止二次污染环境，收集后应及时清理作业现场，清洁收集容器和分类垃圾桶。采用非垃圾压缩车直接收集的方式，应在垃圾收集容器中内置垃圾袋，通过保洁员密闭收集。

图1-1 分类垃圾桶

（2）投放前　纸类应尽量叠放整齐，避免揉团。瓶罐类物品应尽可能将容器内产品用尽，清理干净后投放。厨余垃圾应做到袋装、密闭投放。

（3）投放时　应按垃圾分类标志的提示，分别投放到指定的地点和容器中。玻璃类物品应小心轻放，以免破损。

（4）投放后　应注意盖好垃圾桶上盖，以免垃圾污染周围环境，蚊蝇滋生。

即问即答1–7

废旧电池属于（　　）。

A. 可回收垃圾　　B. 有害垃圾

C. 厨余垃圾　　D. 其他垃圾

（二）实验事故应急处理方法

1. 化学灼伤

化学灼伤是由于操作者的皮肤触及腐蚀性化学试剂所致。常见化学灼伤的救治方法如表1–1所示。

表1–1　常见化学灼伤的救治方法

化学试剂种类	急救方法
硫酸、硝酸、盐酸等酸类	先用大量水冲洗，再用5%碳酸氢钠溶液冲洗
氢氟酸	先用大量冷水冲洗直至伤口表面发红，然后用5%碳酸氢钠溶液洗，再以甘油与氧化镁（2：1）悬浮液涂抹，用消毒纱布包扎；也可用冰镇乙醇溶液浸泡
铬酸	先用大量水冲洗，再用硫化铵稀溶液冲洗
氢氧化钠、氢氧化钾、氨、碳酸钾等碱类	立即用大量水冲洗，然后用2%乙酸溶液冲洗或撒敷硼酸粉或用2%硼酸水溶液洗
硝酸银	先用水冲洗，再用5%碳酸氢钠溶液洗，涂上油膏及磺胺粉
碱金属氰化物	先用高锰酸钾溶液冲洗，再用硫化铵溶液冲洗
黄磷	立即用1%硫酸铜溶液洗净残余的磷，再用0.01%高锰酸钾溶液湿敷，外涂保护剂，用绷带包扎
苯酚	先用水冲洗，再用70%乙醇和1mol/L氯化铁（4：1）混合溶液洗涤

眼睛一旦被化学药品灼伤，应立即用流水缓慢冲洗。如果是碱灼伤，要用4%硼酸或2%

柠檬酸冲洗；如果是酸灼伤，可用2%碳酸氢钠溶液冲洗，然后送至医院进行诊治。

2. 烧伤

烧伤包括烫伤及火伤。

发现烧伤者，应迅速将伤者救离现场，扑灭身上明火，再用自来水冲洗掉烧坏的衣服，慢慢地用剪刀剪除或脱去周围没有烧坏的部分，注意避免碰伤烧伤面。对于轻度烧伤的伤口可用水洗除污物，再用生理盐水冲洗，并涂上烫伤油膏（不要挑破水泡），必要时用消毒纱布轻轻包扎予以保护。对于面积较大的烧伤要尽快送至医院治疗，不要自行涂敷油膏，以免影响医院治疗。

3. 冻伤

实验室人员的冻伤多数是使用液氮、干冰等制冷剂时方法不当造成的伤害。

轻度冻伤会使皮肤发红并有不舒服的感觉，但经过数小时后就会恢复正常；中等程度的冻伤会产生水泡；严重的冻伤会使伤处溃烂。

处理冻伤常用的方法是尽快脱离现场环境，快速升温。即迅速将冻伤部位浸入37～40° C的温水中浸泡，或用温暖的衣物、毛毯等包裹，使伤处温度回升。对于没有热水或冻伤部位（如耳朵等）不便浸水的情况，可用体温将其暖和。

4. 创伤

创伤主要是来自机械和玻璃仪器破损造成的伤害。常见的创伤有割伤、刺伤、撞伤、挫伤等。

处理创伤常用的方法是，用消毒镊子或消毒纱布把伤口清理干净，然后用碘酊擦抹伤口周围。对于创伤较轻的毛细血管出血，伤口消毒后即可用止血粉外敷，最后用消毒纱布包扎处理。

即问即答1-8

眼睛一旦被化学药品灼伤时，应（　　）。

A. 用手揉眼睛　　B. 若酸灼伤，用碳酸氢钠溶液冲洗

C. 用清水冲洗眼睛　　D. 就医

四、消防安全基础知识

（一）引起火灾的原因

发生火灾的原因，一般可分为三类。

（1）由于失火、缺乏防火安全常识、违反安全操作规程引起的火灾事故。

（2）由于电气设备使用不当引起的火灾。

（3）雷击、自燃等原因引起的火灾。

（二）火灾预防措施

1. 严格控制火源的产生

控制明火、燃烧废弃物、未熄灭的香烟头、焊割作业等可能引起火灾的火源；物体撞击或摩擦，如金属物体的碰撞或摩擦；炽热物体，如焊割的飞溅物，轧钢与锻造的碎渣，爆破的碎片等；电火花，如短路、静电产生的火花等；化学反应热；雷电火花。

2. 加强监督

在可能发生火灾的作业点设置火灾监测器；在可燃或易燃物旁设置“禁止火源”等警告标志；派专人进行巡回检查；制定专门的操作规范等。

3. 配备适用的消防器材

严格按照国家有关规定配备适用的消防器材，并要经常检查器材的性能完好程度；消火栓要保持完好状态，而且要确保水源和水压。

4. 及时报警

发现火灾，应立即报警，以免贻误灭火时机而酿成重大火灾事故。

（三）消防安全标志

消防安全标志如图1-2所示。

图1-2　消防安全标志

（四）发生火灾时如何报警

当发生火灾时，首先要做的就是要把火灾的信息传递给消防安全管理部门、单位负责人、公安消防队和需要疏散的人员。各单位义务消防队员须积极参加扑救初起火灾，当火势蔓延，火情恶化时，要及时拨打“119”火警电话，并派人到路口迎候消防车。拨打电话时要注意到以下几点。

（1）说清楚起火单位的详细地址以及具体起火部位。

（2）起火单位燃烧物质的性质，如油、电器或棉织物等。

（3）火势的大小。

（4）报警人的姓名及联系方式。

（五）发生火灾后的基本扑救方法

1. 隔离法

把燃烧物和未燃烧物隔离。例如将起火点附近的可燃、易燃或助燃物搬走；拆除与火源毗连的易燃建筑和设备；堵截流散的燃烧液体等。

2. 冷却法

降低燃烧物的温度，使温度低于燃点，促使燃烧过程停止。例如使用水灭火。

3. 窒息法

减少燃烧区域的氧气量或采用不燃烧物质冲淡空气，使火焰熄灭。例如用砂土埋没燃烧物，向燃烧物上喷射氮气、二氧化碳等气体。

4. 抑制法

将化学灭火剂喷至燃烧物表面，使燃烧过程中的游离基消失，抑制或终止使燃烧持续和扩展的链式反应，从而使燃烧减弱或停止。

（六）火灾逃生自救具体方法

1. 绳索自救法

家中有绳索的，可直接将其一端拴在门、窗档或重物上沿另一端爬下。过程中，脚要成绞状夹紧绳子，双手交替往下爬，并尽量采用手套、毛巾将手保护好。

2. 匍匐前进法

火灾发生时烟气大多聚集在上部空间，因此在逃生过程中应尽量将身体贴近地面匍匐或弯腰前进。

3. 毛巾捂鼻法

火灾中的烟气具有温度高、毒性大的特点，一旦吸入极易引起呼吸系统烫伤或中毒，因此在逃离火场时应用湿毛巾捂住口鼻，以起到降温及过滤的作用。

4. 棉被护身法

用浸泡过的棉被或毛毯、棉大衣盖在身上，确定逃生路线后用最快速度钻过火场并冲到安全区域。

5. 毛毯隔火法

将毛毯等织物钉或夹在门上，并不断往上浇水冷却，以防止外部火焰及烟气侵入，从而达到抑制火势蔓延速度、增加逃生时间的目的。

6. 被单拧结法

把床单、被罩或窗帘等撕成条或拧成麻花状，按绳索逃生的方式沿外窗爬下。

（七）灭火器的种类及适用火灾种类

灭火器的种类及适用范围见表1-2。

表1-2　灭火器的种类及适用范围

名称	成分	适用范围
干粉灭火器	$NaHCO_3$等盐类与适宜的润滑剂	用于油类、有机溶剂、可燃气体、电器及遇水燃烧等物质的着火
二氧化碳灭火器	液态二氧化碳	用于贵重仪器设备、档案资料、低压电器设备及油类着火
1211灭火器	CF_2ClBr液化气体	用于精密仪器、电子设备、文物档案资料、油类着火
泡沫灭火器	$Al_2(SO_4)_3$和$NaHCO_3$	用于一般失火及油类着火，因为泡沫能导电，所以不能用于扑灭电气设备着火

即问即答1-9

（　　）适宜于油类着火，但是不能扑救电器设备的着火。

A. 干粉灭火器　　B. 二氧化碳灭火器

C. 1211灭火器　　D. 泡沫灭火器

（八）灭火器的使用方法

1. 干粉灭火器的使用方法

手提式干粉灭火器应在距燃烧物3m左右展开灭火，不可颠倒使用。使用时先拔掉保险销（有的是拉起拉环），再按下压把，干粉即可喷出。如在室外，应选择上风口进行灭火。

每年要检查两次干粉是否结块，如有结块要及时更换；每年检查一次药剂重量或查看压力表，若少于规定的重量或达不到规定气压，应及时充装。

2. 二氧化碳灭火器的使用方法

使用时，鸭嘴式的先拔掉保险销，压下压把即可；手轮式的要先取掉铅封，然后按逆时针方向旋转手轮，药剂即可喷出。二氧化碳灭火器在喷射过程中应保持直立状态，不可平放或颠倒使用。注意手指不宜触及喇叭筒，以防冻伤。二氧化碳灭火器有效喷射距离较小，应接近着火点，在上风方向喷射。对二氧化碳灭火器要定期检查，重量少于5%时，应及时充气和更换。

3. 1211灭火器的使用方法

使用时要首先拔掉保险销，然后握紧压把开关，即有药剂喷出。使用时灭火筒身要垂直，不可平放和颠倒使用。它的射程较近，喷射时要站在上风，接近着火点，对着火源根部扫射，向前推进，要注意防止回头复燃。1211灭火器每三个月要检查一次氮气压力，每半年要检查一次药剂重量、压力，药剂重量若减少10%时，应重新充气、灌药。

4. 泡沫灭火器的使用方法

使用时先用手指堵住喷嘴将筒体上下颠倒两次，就有泡沫喷出。在泡沫喷射过程中，应一直紧握开启压把，不能松开，而且不要将灭火器横置或倒置，以免中断喷射。使用时不可将筒底筒盖对着人体，以防发生危险。筒内药剂一般每半年，最迟一年换一次，冬夏季节要做好防冻、防晒保养。

学生活动

上海市市场监督管理局抽检某食品企业销售的糕点中菌落总数超标，如果你是该企业的食品安全员，请你给出控制微生物超标的措施及建议。

模块二 食品生产许可

学习目标

知识目标	1. 能说出《食品生产许可管理办法》中有关食品生产许可的相关要求。 2. 正确归纳企业生产许可具备的条件及取证后的相关要求。
技能目标	1. 能正确进行食品生产许可证的申请及相关材料的准备。 2. 能根据《食品生产许可管理办法》规定，编制食品生产许可申请书并进行相关管理。 3. 能明确掌握取证后的相关规定，并填写食品生产许可证管理记录表。
素养目标	1. 能严格遵守食品生产许可相关规定，明确自身职责，树立职业使命感，积极认真监督食品生产相关要求。 2. 增强遵纪守法意识，养成精益求精、严谨求实的工作态度，具备秉公执法相关职业素养，能够完成食品生产许可管理相关任务。

情境导入

2016年6月，经监督抽检，结果显示某A食品酿造有限公司生产的两个批次黄豆酱油检验结论为不合格。接到报告后，当事人提出异议，称上述食品并非当事人企业所生产，经核实，2015年5月，某A食品酿造有限公司与某B红枣醋业有限公司签订委托加工合同，但在签订完合同后，某B红枣醋业有限公司并未让当事人所在企业代加工酱油系列产品，只是借用了当事人企业的《食品生产许可证》从事酱油的生产销售。

思考：

本案例中两企业违反了《食品生产许可管理办法》的哪些规定？

知识导学

一、知识归纳思维导图

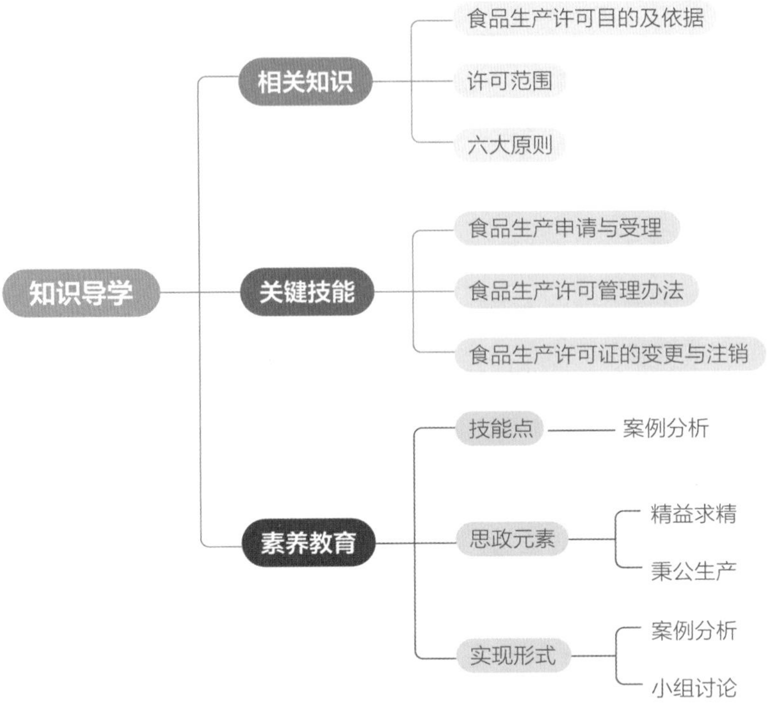

二、学习引导

资源链接：《中华人民共和国食品安全法》《食品生产许可管理办法》等（见附录）。

食品生产许可
学习课件

必备知识

一、食品生产许可相关知识

1. 食品生产许可目的

为进一步规范食品生产活动，加强食品生产监管，保障食品安全，为规范食品、食品添加剂生产许可活动，加强食品生产监督管理，保障食品安全，根据《中华人民共和国行政许可法》《中华人民共和国食品安全法》《中华人民共和国食品安全法实施条例》等法律法规，制定了《食品生产许可管理办法》，此办法为食品生产及监管部门提供了保障和依据。

2. 食品生产许可法律依据

（1）《中华人民共和国行政许可法》《中华人民共和国行政许可法》（2019年4月23日修订）第十二条第四款规定：“直接关系公共安全、人身健康、生命财产安全的重要设备、设施、产品、物品，需要按照技术标准、技术规范，通过检验、检测、检疫等方式进行审定的事项”可以设定行政许可。

（2）《中华人民共和国产品质量法》《中华人民共和国产品质量法》（2018年12月29日第三次修订）第十三条规定：“可能危及人体健康和人身、财产安全的工业产品，必须符合保障人体健康和人身、财产安全的国家标准、行业标准；未制定国家标准、行业标准的，必须符合保障人体健康和人身、财产安全的要求。”

（3）《中华人民共和国工业产品生产许可证管理条例》《中华人民共和国工业产品生产许可证管理条例》于2005年9月1日施行，2010年8月25日国家质量监督检验检疫总局（现国家市场监督管理总局）发布《关于公布实行生产许可证制度管理的产品目录的公告》（2010年第90号）再次对加工食品和直接接触食品的材料等食品相关产品等64类产品实行生产许可证制度管理。

（4）《中华人民共和国食品安全法》《中华人民共和国食品安全法》（2021年4月29日第二次修订）规定国家对食品生产经营实行许可制度。从事食品生产、食品销售、餐饮服务，应当依法取得许可。但是，销售食用农产品，不需要取得许可。

（5）《食品生产许可管理办法》《食品生产许可管理办法》（以下简称《办法》）（总局令第24号）规定：食品生产者需要依法延续取得的食品生产许可的有效期的，应当在该食品生产许可有效期满30个工作日前，向原发证的市场监督管理部门提出申请。

（6）《食品生产许可审查通则》《食品生产许可审查通则》是用以指导食品生产许可审查工作的技术规范，目的是规范食品生产许可申请受理后的相关许可条件核查要求、核查程序、核查方法等，保证现场核查工作的标准统一、审评公平、行为规范。

（7）各类食品生产许可审查细则　《食品生产许可管理办法》中明确规定了国家市场监督管理总局负责制定食品生产许可审查通则和细则，作为《食品生产许可管理办法》的配套技术文件，用以指导食品生产许可审查工作。

各类食品生产许可审查细则是对通则内容的细化和补充。

3. 食品生产许可范围

食品生产许可范围如表2-1所示。

表2-1　食品生产许可范围

产品范围	食品、食品添加剂，包括保健食品
地域范围	中华人民共和国境内（包括我国领土、领海、领空）
适用对象	从事食品生产活动；食品生产许可的申请、受理、审查、决定及监督检查

即问即答2-1

以下不属于产品许可中产品适用范围的是（　　）。

A. 苯甲酸钠　　B. 保健食品

C. 面包　　D. 医用酒精

4. 食品生产许可遵循原则

（1）六大原则　依法、公开、公平、公正、便民、高效。

（2）“一企一证”原则　生产许可规定了“一企一证”的原则，即按照企业主体许可，无论生产多少类别食品，一个企业均为一张证书，一个证书号。

（3）“分类许可”原则　国家市场监督管理总局将实施生产许可的食品分为32大类，每一大类又包含若干个小类。32大类食品分别为：粮食加工品、食用油、油脂及其制品、调味品、肉制品、乳制品、饮料、方便食品、饼干、罐头、冷冻饮品、速冻食品、薯类和膨化食品、糖果制品、茶叶及相关制品、酒类、蔬菜制品、水果制品、炒货食品及坚果制品、蛋制品、可可及焙烤咖啡产品、食糖、水产制品、淀粉及淀粉制品、糕点、豆制品、蜂产品、保健食品、特殊医学用途配方食品、婴幼儿配方食品、特殊膳食食品、其他食品。

（4）行政许可“权力下放”原则　结合食品药品监管体制改革工作实际，合理划分并公布省、市、县级食品生产许可管理权限。如保健食品、特殊医学用途配方食品、婴幼儿配方食品的生产许可由省、自治区、直辖市食品药品监督管理部门负责。

二、食品生产许可申请与受理

1. 食品生产许可申请人主体资格

对于先行取得营业执照合法主体资格的企业或单位可具备独立申请食品生产许可资质。申请人类别可为企业法人、合伙企业、个人独资企业、个体工商户，农民专业合作经济组织（不包括食品小作坊）等。

对于企业，集团公司可以和所属的分公司（包括具有法人资格和非法人资格）一起申请食品生产许可证；集团公司所属的分公司也可以单独申请食品生产许可证。

2. 申请企业应具备的条件

（1）具有符合条件的生产场所　申请食品生产许可的企业应具有与生产的食品品种、数量相适应的食品原料处理和食品加工、包装、储存等场所，同时需要保持该场所环境整洁，并与有毒、有害场所以及其他污染源保持规定的距离。

（2）具有符合条件的设备或设施　申请食品生产许可的企业应具有与生产的食品品种、数量相适应的生产设备或者设施，有相应的消毒、更衣、盥洗、采光、照明、通风、防腐、防尘、防蝇、防鼠、防虫、洗涤以及处理废水、存放垃圾和废弃物的设备或者设施。

（3）具有符合条件的人员和制度　有专职或者兼职的食品安全管理人员并具有保证食品安全的相关规章制度。

（4）具有符合条件的设备布局和工艺流程　食品生产许可的企业应具有合理的设备布局和工艺流程防止待加工食品与直接入口食品、原料与成品交叉污染，避免食品接触有毒物和不洁物。

3. 申请食品生产许可需提交的材料

（1）食品生产许可申请书。

（2）食品生产设备布局图和食品生产工艺流程图。

（3）食品生产主要设备、设施清单。

（4）专职或兼职的食品安全专业技术人员、食品安全管理人员信息和食品安全管理制度。

企业签名盖章确认：申请人提交材料应如实反映真实情况，对申请材料的真实性负责，并签名或盖章。

4. 食品添加剂企业应具备的条件

具有与所生产食品添加剂品种相适应的生产场所；具有符合条件的设备或设施；具有符合条件的食品安全管理人员、从业技术人员和管理制度。

食品添加剂生产许可分三类：①食品添加剂（类别编号3201）：主要指GB 2760—2014《食品安全国家标准　食品添加剂使用标准》、GB 14880—2012《食品安全国家标准　食品营养强化剂使用标准》或中华人民共和国国家卫生健康委员会公告规定的食品添加剂；②食品用香精（类别编号3202）：主要指GB 30616—2020《食品安全国家标准　食品用香精》中规定的食品用香精；③复配食品添加剂（类别编号3203）：主要指GB 26687—2011《食品安全国家标准　复配食品添加剂通则》中规定的复配食品添加剂。

三、食品生产许可证相关管理

食品生产许可证分为正本和副本，具有同等法律效力。

食品生产许可证应当载明：生产者名称、社会信用代码、法定代表人（负责人）、住所、生产地址、食品类别、许可证编号、有效期、发证机关、发证日期和二维码。副本还应当载明食品明细。生产保健食品、特殊医学用途配方食品、婴幼儿配方食品的，还应当载明产品或产品配方的注册号或备案登记号。接受委托生产保健食品的，还应载明委托企业名称及住所等相关信息。

1. 证书编号

2018年10月1日起，食品生产者生产的食品不再使用“QS”标志。如图2-1为食品生产许可证编号代表的含义。

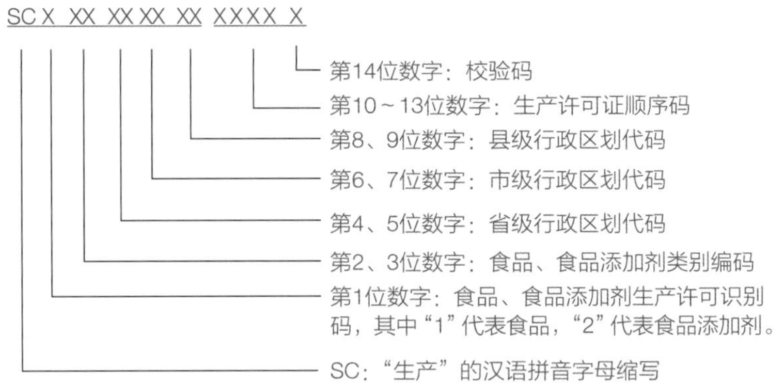

01．属地编码原则4～9位 具体生产地址县级区划　02．31大类 食品 101-131
03．食品添加剂 类别编码：201食品添加剂；202食用香精；203复配食品添加剂

图2-1　食品生产许可编号说明

2．证书管理

不得伪造、涂改食品生产许可证。

不得倒卖、出租、出借、转让食品生产许可证。

食品生产者应当妥善保管《食品生产许可证》，并在其生产场所的显著位置悬挂或者摆放《食品生产许可证》正本。

3．变更延续与注销

（1）变更　在证书有效期内，食品生产者名称、现有工艺设备布局、工艺流程、主要生产设备设施、食品类别等发生变化的，需要变更载明许可事项的。生产场所迁址，应重新申请食品生产许可。食品生产者应当在变化后10个工作日内提出变更申请。

（2）延续　有效期届满30日内向发证机关申请。申请需要提交的材料：①延续申请书；②许可证正、副本；③与延续有关的材料；④三类特殊食品提交生产质量管理体系运行情况的自查报告。

（3）注销　食品经营者申请注销食品经营许可的，应当向原发证的市场监督管理部门提交食品经营许可注销申请书以及与注销食品经营许可有关的其他材料。食品经营者取得纸质食品经营许可证正本、副本的，应当同时提交。

四、食品生产许可现场核查内容

食品生产许可现场核查的内容有首次申请、变更申请和延续申请，如图2-2所示。

1．生产场所

申请材料是否与现场一致（一致性），其生产场所周边和厂区环境、布局和各食品安全标准范围功能区划分、厂房及生产车间相关材质等是否符合有关规定和要求（合规性）。

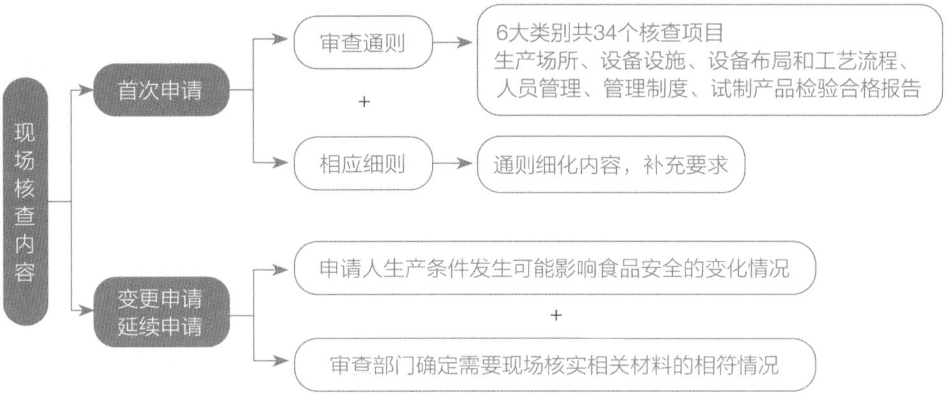

图2-2　食品生产许可现场核查要求图

2. 设备设施

提交的生产设备设施清单是否与现场一致（一致性），生产设备设施材质、性能等是否符合规定（合规性）并满足生产需要；申请自行对原辅料及出厂产品进行检验的，是否具备审查细则规定的检验设备设施性能以及精度是否满足检验需要。供水、排水、消毒、照明、废弃物存放、个人卫生设施、通风、照明、仓储等是否符合有关规定和要求。

3. 设备布局和工艺流程

提交的设备布局图和工艺流程图是否与现场一致（一致性），设备布局、工艺流程是否符合规定要求，并能防止交叉污染（合规性）。

4. 人员管理

是否配备申请材料所列明的食品安全管理员及专业技术员；是否建立生产相关岗位的培训及从业员健康管理制度；从事接触直接入口食品工作的食品生产人员是否取得健康证明等。

5. 管理制度

进货查验记录、生产过程控制、出厂检验记录、食品安全自查、不安全食品召食品安全标准范围、不合格品管理、食品安全事故处置及审查细则规定的其他保证食品安全的管理制度是否齐全，内容是否符合法律法规等相关规定。

6. 试制产品检验合格报告

根据食品、食品添加剂所执行的食品安全标准和产品标准及细则规定，核查食品检验项目和结果是否符合标准及相关规定。

学生活动

1. 假如你是某食品、食品添加剂生产许可现场核查评分员，编制食品生产场所核查评分记录表，编制依据为《食品生产许可管理办法》。

序号	核查项目	核查内容	评分标准	核查得分	核查记录

2. 案例分析

2016年4月27日，接市局投诉举报中心转办单，投诉彭某某在自己住所内私自生产假冒肉制品，且异味很大，怀疑使用变质肉进行生产。市局高度重视，及时组织人员进行暗访调查，并联系公安部门联合执法，在得知初步情况后，市公安部门抽调20余名公安干警待命。2016年4月28日上午9时，市局执法人员及公安干警40余人对彭某某经营的食品生产加工点进行执法检查。进入该食品生产加工点后，公安干警立即对彭某某和食品操作人员共11人进行控制，执法人员对该食品生产加工点的原料加工区、生产加工间、仓库、冷库等场所进行全面细致的检查。当事人彭某某无法提供营业执照、食品生产许可证。执法人员现场查获其生产的香嫩肉串（成品）489箱，用于制作香嫩肉串的食品原料鸡大胸肉共计108箱，规格为10kg/箱；正在解冻清洗的鸡大胸肉190kg；红曲粉、咖喱粉、白糖、小苏打、食盐、味精、淀粉等物品；并对上述食品、调料及纸箱、竹签、印码机、电子秤等物品和设备进行扣押，对香嫩肉串进行抽样检验。经调查，彭某某未办理营业执照、未取得食品生产许可证，从事生产香嫩肉串（成品），数量为489箱，售价为100元/箱，属无证产品，货值金额为48900元。本案例违反了食品生产许可中的哪些问题？

模块三 食品生产环境管理

项目一 食品生产厂址选择

学习目标

知识目标

1. 能复述食品生产厂址选择的原则和基本方法。
2. 能说出食品生产厂址选择报告编制内容的相关规定。
3. 能正确分析对建厂条件评价的影响因素。

技能目标

1. 能运用厂址选择原则和方法，确定最优厂址方案。
2. 能根据《轻工业建设项目可行性研究报告编制内容深度规定》(QBJS 5—2005)，编制厂址选择报告书写的格式与内容。
3. 能综合政治、经济、自然条件、社会文化等因素对建厂条件进行评价。

素养目标

1. 通过选址的实际案例，意识到乡村振兴的重要性。
2. 通过对厂址选择原则的学习，树立以人为本、绿色环保的观念。
3. 通过对厂址选择方案中各个因素的科学比较，选择最优的厂址选择方案，从而培养节约资源、可持续发展的意识。

情境导入

我国有广阔的领土，物产丰富。但由于水果本身的理化反应，在运输的过程中难免会破坏其本身的价值，而罐头的出现可以很好地解决这个问题。罐头工艺在水果的深加工中是很重要的，我们可以通过特殊的加工工艺来实现原本水果无法达到的效果。建设一座水果罐头工厂可以解决部分地区新鲜水果的销售问题，也可以提升水果的价值，为果农创造更大的收益。

思考：

作为一名食品专业的毕业生，你将为水果罐头厂选址提供哪些建议呢？

知识导学

一、知识归纳思维导图

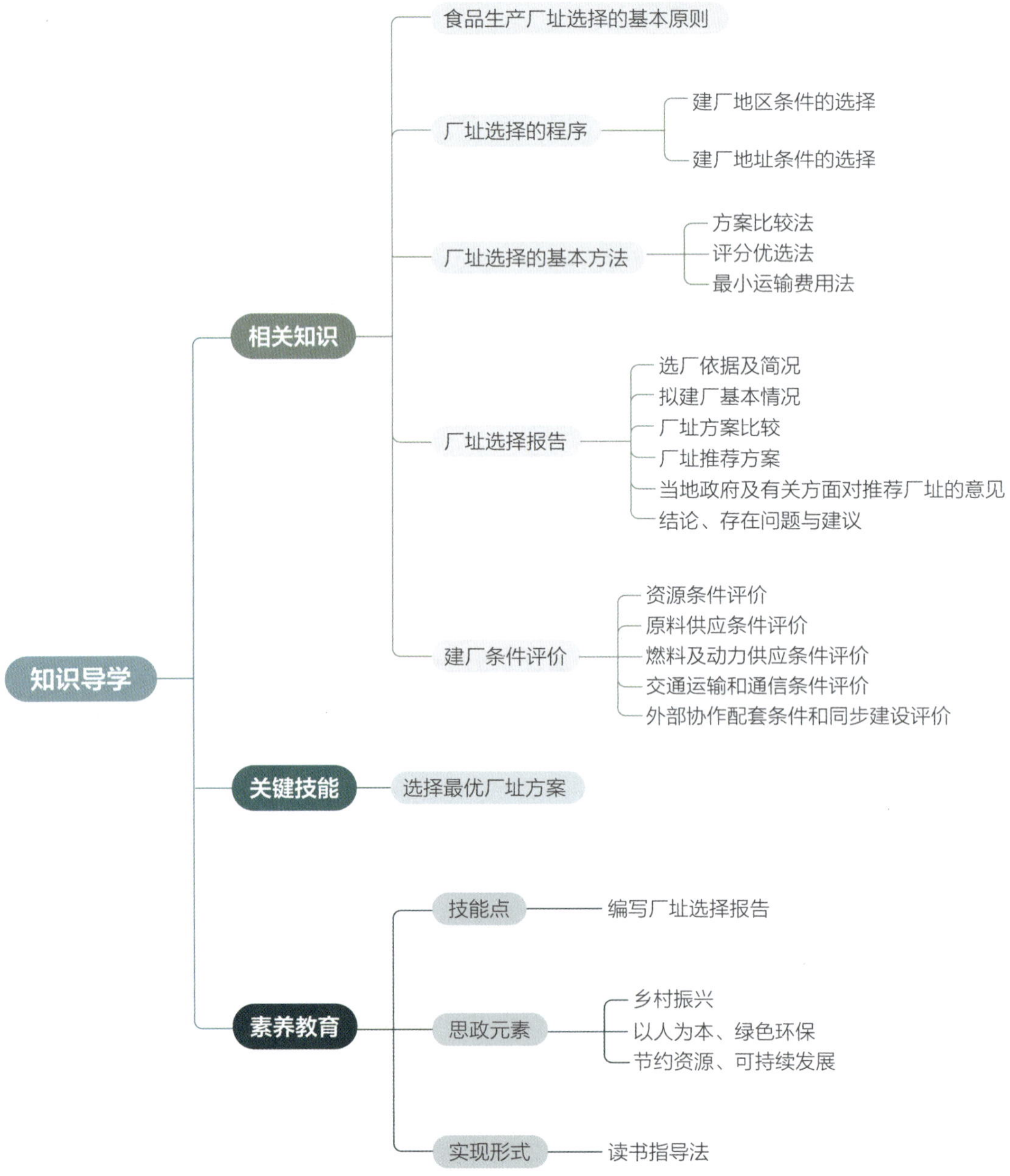

二、学习引导

资源链接：GB 14881—2013《食品安全国家标准　食品生产通用卫生规范》、QBJS 5—2005《轻工业建设项目可行性研究报告编制内容深度规定》等（见附录）。

食品生产厂址选择
学习课件

必备知识

厂址选择是企业基本建设中的关键问题之一，也是关系到工厂建设顺利与否和将来生产运行成本高低的关键大事。厂址选择对投资总额、建厂速度和将来的经营管理条件生产成本起着决定性的影响，同时也对附近其他工厂的生产条件、居住的生活与卫生条件、职工生活方便与否有着很大的影响。一个工厂的厂址选择将影响项目建成后的经济效益、社会效益和环境效益的发挥，对食品工业的合理布局和地区经济文化的发展具有深远意义。因此厂址选择是一项包括社会关系、经济、技术的综合性工作。

提示

厂址选择的原则不仅要考虑厂址的成本和效益，更应考量为工人创造一个良好的劳动工作条件，体现以人为本、绿色环保的选址原则。

一、食品生产厂址选择的基本原则

（1）食品工厂的厂址应由当地城乡规划部门统一规划，以适应当地规划发展的统一布局。如果加工原料为农、林、牧、副、渔产品，则厂址应尽量靠近原料产地，以减少运输成本及运输途中有可能造成的原料变质和污染。

（2）节约用地，尽量不占或少占良田，为了方便产品销售，并有效地利用城市学校、住房、医院、商场等各种生活资源，一般可建在大中型城市的郊区或远郊区。

（3）地址条件和环境条件可靠。厂址应远离流沙、土崩断裂层，保持生产场所环境整洁，周围无虫害大量滋生的潜在场所，无有害废弃物以及粉尘、有害气体、放射性物质和其他扩散性污染源。各类污染源难以避开时应当有必要的防范措施，能有效清除污染源造成的影响。

（4）厂区标高特别是主厂房及仓库标高应高于当地历史最高洪水水位，自然排水坡度应为0.004～0.008。

（5）水源充足且水质符合GB 5749—2022《生活饮用水卫生标准》，若采用地下水或江水、河水、湖水，须建立水质监测和水质处理系统。同样，为避免造成新的污染，食品工厂生产中所产生的污水、废水也要建立相应的处理系统，经处理达到国家环保部门规定的排放标准后方可排放。

（6）交通运输方便是厂址选址的重要条件之一，食品工厂应尽量靠近铁路、公路或水路，便于工厂原料和产品的输入输出。

（7）电力要有充分保证，电力负荷足够和电压正常平稳才能保证工厂冷库等24h连续运转设施的电力需求。

（8）有足够面积用来美化工厂环境，在食品工厂四周及厂区内种植树木花草进行充分绿化，可有效改善周边的微小区域气候，净化空气，降低噪声，杜绝生产过程中产品污染。

即问即答3-1

食品生产厂址选择的基本原则不包括（　　）。

A. 适应当地规划发展的统一布局

B. 水源充足且水质符合生活饮用水卫生标准

C. 交通运输方便

D. 尽量占用田地以扩大厂区

二、厂址选择的程序

不同类型的食品厂适合于不同的建厂环境，因为不同的建厂环境具备不同食品项目所需要的建厂条件。一般来说，食品厂址选择应考虑的建厂条件应包括建厂地区条件选择和建厂地址条件选择。先对建厂地区条件进行分析并选择，然后再对建厂地址条件进行分析并确定建厂地址。

即问即答3-2

一般来说，食品厂址选择应考虑的建厂条件应包括________条件选择和________条件选择。

（一）建厂地区条件的选择

1. 自然环境

自然环境包括气候条件和生态要求两个方面。

（1）气候条件　气候在选择建厂地区时是一个重要因素。除了直接影响项目成本以外，对环境方面的影响也很重要。由于食品项目类型不同，气候条件对项目起作用的方式也不同。特别是在有大量运输和建筑工程的项目中，天气是影响项目的主要因素。

在厂址选择时，应从气温、湿度、日照时间、风向、降水量等方面说明气候条件。这些方面中的每一项都可以进行更详细的分析，如平均日最高气温和最低气温及日平均气温等。

（2）生态要求　有些食品厂可能本身并不对环境产生不利影响，但环境条件可能严重影响着食品厂的正常运行。食品厂多数为农产品加工项目，明显依赖于使用的原料，这些原料可能由于其他因素（如被污染的水和土壤）而降低等级。有的食品项目用水量很大，而且对水质要求也很高，如果附近的工厂将废水排入河中，影响工厂水源的卫生质量，该项目将受到严重损害。

2. 社会经济因素

政府制定招商政策，例如可以扶持特定区域、产业、企业和产品的发展，促进产业结构的调整和社会经济的协调发展。政策包括土地、税收、人才、装修、产业政策、产业基金等各个方面。

3. 基础设施条件

食品企业的正常运行对各种基础设施条件有很强的依赖性。从食品厂经营的角度来说，可利用的、发达的、多样的经济及社会基础设施是不可或缺的，首先，选址必须保证水、电、气、冷的供应，同时还包括对三废的处理。对于那些能源消耗较大的生产，动力能源的获得有着举足轻重的影响。选址关系到能否获得价格相对低廉的能源，从而相对降低生产成本。此外，不同地区的人力资源状况是有很大差别的，其教育水平、文化素质、劳动技能、工资费用等都不同，这也是企业选址的必要考虑因素。最后，企业所在地区如果有良好的住房条件，学校、医院、体育娱乐设施，能够给员工提供良好的居住、购物、教育、交通、娱乐、保健等服务的生活环境，可以减少企业与社会的负担，也可以提高员工的工作效率。

4. 面向资源或面向市场

建厂地区应选择在原料和燃料动力的产区（即面向资源）或与企业有关的主要消费中心所在地（即面向市场）。

选择建厂地区最简单的方式是，根据原料来源地及主要市场的交通情况，提出几个可供选择的厂区方案，并计算其运输、生产成本。以资源为基础的食品项目，由于运输费用较高，应选择建设在基本原料产地附近；对易变质的食品工业则应面向市场，这类项目一般建在主要消费中心附近。但是，许多食品不可能由一个特定的因素就决定其厂址，既可以建在资源地，也可以建在消费中心附近，甚至可以设在中间的某些点上。对于不过分面向资源或市场的食品项目，最好的建厂地区能够将下列因素很好地结合起来：距原料和市场的距离合理，良好的环境条件，劳动力储备丰富，能以合理的价格取得充足的动力和燃料，运输条件良好以及具有废物处理设施等。

即问即答3-3

厂址区域的选择需要考虑哪些因素？（　　）

A. 自然环境　　B. 社会经济因素　　C. 基础设施条件　　D. 资源或市场

（二）建厂地址条件的选择

在建厂地区基本确定后，应在可行性研究中，确定项目厂址。尽可能确定几个备选方案，然后从自然条件、基建条件、生产条件、环境保护和成本费用等方面进行综合比较论证，从中选择一个最佳的厂址方案。

厂址条件分析的基本内容与建厂地区分析基本一致。对在选定的区域内的可能的厂址来说，应当分析下列需要和条件。

（1）厂址的生态条件（土壤、场地上的危险因素和气候等）。

（2）环境影响（限制、标准、准则）。

（3）社会经济条件（限制、鼓励、要求）。

（4）厂址所在地的基础设施（现有的工业基础设施、经济和社会基础设施，关键性的项目投入物，如劳动力和燃料动力的来源情况）。

（5）战略问题（有关将来可能的发展、供应和销售政策的战略）。

（6）土地费用。

这些因素的重要性，随着项目的性质、拟进行的土建工程种类、排污物的种类和工人人数而定。在一个区域内原料的取得和供应，公用设施、运输方式和通信条件有着明显的差异。对此，需要进一步分析。

举例：罐头食品厂厂址选择

（1）原料　厂址要靠近原料基地，原料的数量和质量要满足建厂要求。关于“靠近”的尺度，厂址离鲜活农副产品收购地的距离宜控制在汽车运输2h路程之内。

（2）周围环境　厂区周围应具有良好的卫生环境。厂区附近不得有有害气体、粉尘和其他扩散性的污染源，厂址不应设在受污染河流的下游和传染病医院近旁。

（3）地势　地势应基本平坦，厂区标高应高出通常最高洪水水位，且能保障排水顺利。

（4）劳动力来源　季节产品的生产需要大量的季节工，厂址应靠近城镇或居民集中点。

即问即答3-4

对在选定的区域内的可能的厂址来说，应当分析下列哪些条件和要求？（　　）

A. 自然环境　　B. 社会经济条件　　C. 基础设施条件　　D. 土地费用

思政园地

通过对厂址选择方案中各个因素的科学比较，选择最优的厂址选择方案，从而达到节约资源，可持续发展的目的。

三、厂址选择的基本方法

1. 方案比较法

方案比较法是通过对项目不同选址方案的投资费用和经营费用的对比，作出选址决定。它是一种偏重于经济效益方面的厂址优选方法。其基本步骤是先在建厂地区内选择几个厂址，列出可比较因素，进行初步分析比较后，从中选出两三个较为合适的厂址方案，再进行详细的调查、勘察。并分别计算出各方案的建设投资和经营费用。其中，建设投资和经营费用均为最低的方案，为可取方案。如果建设投资和经营费用不一致时，可用追加投资回收期的方法来计算。

2. 评分优选法

评分优选法可分三步进行。首先，在厂址方案比较表中列出主要判断因素；其次，将主要判断因素按其重要程度给予一定的权重因子和评价值；最后，将各方案所有比重因子与对应的评价值相乘，得出指标评价分，其中评价分最高者为最佳方案。

3. 最小运输费用法

如果项目几个选择方案中的其他因素都基本相同，只有运输费用不同，则可用最小运输费用法来确定厂址。最小运输费用法的基本做法是分别计算不同选址方案的运输费用，包括原料、燃料的运进费用和产品销售的运出费用，选择其中运输费用最小的方案作为选址方案。在计算时，要全面考虑运输距离、运输方式、运输价格等因素。

即问即答3-5

如果项目几个选择方案中的其他因素都基本相同，只有运输费用是不同的，则可用__________来确定厂址。

四、厂址选择报告

厂址选择报告内容主要是简要地叙述选择厂址的依据和主管部门的指示文件精神，选择厂址工作组的负责单位和参加单位，选择厂址的工作经过和时间，踏勘各预选厂址的概况、优缺点，对推荐厂址各方案的总评价。厂址选择报告的编写内容可按《轻工业建设项目可行性研究报告编制内容深度规定》（QBJS 5—2005）执行。

（1）选厂依据及简况。说明依据的项目建议书及批文、建厂条件、选址原则、选址的范围、选址经过。

（2）拟建厂基本情况。工艺流程概述及对厂址的要求，“三废”治理及污染物处理后达标及排放情况，拟建厂（场）基本条件见表3-1。

表3-1　拟建厂（场）基本条件表

<table>
<tr><th>序号</th><th colspan="11">基本条件</th></tr>
<tr><td>1</td><td>生产规模</td><td colspan="10"></td></tr>
<tr><td>2</td><td>主要产品</td><td colspan="10"></td></tr>
<tr><td rowspan="2">3</td><td rowspan="2">投资/万元</td><td rowspan="2">总资产</td><td rowspan="2">其中固定资产</td><td colspan="8">设备及安装占_____%</td></tr>
<tr><td colspan="8">土建占_____%</td></tr>
<tr><td>4</td><td>职工人数/人</td><td colspan="4">总人数</td><td colspan="6">其中工人</td></tr>
<tr><td rowspan="2">5</td><td rowspan="2">原料、能源耗用量</td><td>电负荷/kW</td><td></td><td>其中生活区</td><td></td><td>汽/（t/h）</td><td></td><td>其中生活区</td><td></td><td>天然气/（m^3/年）</td><td></td></tr>
<tr><td>水/（m^3/h）</td><td></td><td>其中生活区</td><td></td><td>煤/（t/年）</td><td colspan="3"></td><td>主要原料/（t/年</td><td></td></tr>
<tr><td>6</td><td>年运输量/t</td><td>总量</td><td></td><td colspan="8">其中运入__________，运出__________</td></tr>
<tr><td>7</td><td>占地面积/m^2</td><td>全厂/场</td><td></td><td colspan="8">其中生产区__________，厂区外配套设施__________，生活区__________</td></tr>
<tr><td>8</td><td>建筑面积/m^2</td><td>总面积</td><td colspan="2"></td><td colspan="7">其中生产__________，非生产__________
（其中宿舍__________，福利设施__________）</td></tr>
<tr><td rowspan="3">9</td><td rowspan="3">年三废排放量</td><td>废水/m^3</td><td colspan="2"></td><td colspan="7">全厂（场）__________，主要有害成分__________</td></tr>
<tr><td>废渣/t</td><td colspan="2"></td><td colspan="7">全厂（场）__________，主要有害成分__________</td></tr>
<tr><td>废气/m^3</td><td colspan="2"></td><td colspan="7">全厂（场）__________，主要有害成分__________</td></tr>
</table>

（3）厂址方案比较。概述各厂自然地理、社会经济、自然环境、建厂条件及协作条件等。对各厂址方案技术条件、建设投资和年经营费用进行比较并作《技术条件比较表》《建设投资比较表》和《年经营费用比较表》。

《技术条件比较表》内容主要包括：

①厂址地点、海拔、经纬度，与四邻位置、距离，可供使用土地面积。

②厂址地形地貌、工程地质、水文地质及场地的开拓。需迁移居民户数、人数，拆建障

碍物、农田水利工程、农业设施及农业作物情况。需征购的土地的面积，其中耕地、荒山、林场等面积。工程地质的处理，水文地质的利用，平整场地土石方、护坡工程量。场地开辟费用。地震烈度等级。

③工厂的总体平面布置及竖向布置设想（包括厂界区内外工程及生活区设施）。

④交通运输条件现状及工厂供排水工程设施设想。

⑤水源和地下水条件及工厂供排水工程设施、防洪、防涝措施设想。

⑥电源现状及工厂供电工程设施设想。

⑦供热工程设想。

⑧维修和其他辅助工程设施设想。

⑨环保现状及对本厂的影响和危害，本厂“三废”治理措施，排放“三废”对当地可能造成的影响和危害。

⑩当地城镇建设规划，现有社会基础结构设施可利用设想。

⑪施工临时供水、供电、道路设想，施工量、技术装备、人员技术水平、承包工程任务的可能性，地方建筑材料供应可能性。

《建设投资比较表》和《年经营费用比较表》如表3-2和表3-3所示。

表3-2　建设投资比较表　　单位：万元

序号	项目名称	方案甲	方案乙	方案丙
1	场地开辟费			
2	交通运输费			
3	给排水及防洪设施费			
4	供电、供热、供气工程费			
5	土建工程费			
6	抗震设施费			
7	通信工程费			
8	环境保护工程费			
9	生活福利设施费			
10	施工及临时建筑费			
11	协作及其他工程费用			
	合计			

表3-3　年经营费用比较表　　单位：万元

序号	项目名称	方案甲	方案乙	方案丙
1	原料、燃料成品等运输费用			
2	给水费用			
3	供电、供热、供气费用			
4	排污、排渣等排放费用			
5	通信费用			
6	其他			
	合计			

（4）厂址推荐方案。论述推荐方案的主要优缺点，并与拟建厂所要求的基本条件进行比较。

（5）当地政府及有关方面对推荐厂址的意见。

（6）结论、存在问题与建议。

五、建厂条件评价

1. 资源条件评价

资源是项目建设的物质基础，对资源条件的评价是保证项目能按照设计生产能力正常运转和获取预期投资效益的重要环节。资源条件评价包括以下几个方面。

（1）拟建项目所提供的资源报告是否翔实可靠，是否经过国家有关部门的批准，是否具有立项的价值。

（2）分析和评价拟建项目所需资源的种类和性质，是否属于稀缺资源或供应紧张的资源，是可再生资源还是不可再生资源。

（3）分析和评价拟建项目所需资源的可供数量、服务年限、成分质量、供给方式、成本高低及综合利用的可能性等。

（4）分析和评价技术进步对资源利用的影响，提出关于节约使用土地、水等资源的有效措施。

2. 原料供应条件评价

（1）分析评价原料供应数量能否满足项目生产能力的要求。

（2）分析评价原料的质量是否符合项目生产工艺的要求。

（3）分析评价原料的价格是否合理。

（4）分析评价原料的运输费用是否合理。

（5）分析评价原料的存储是否经济合理。

（6）分析评原料的来源是否合理。

总之，评价原料的供应条件的目的是选择适合项目要求的、来源稳定可靠的、价格经济合理的原料，作为项目的主要投入物，这样可以保证项目生产的连续性和稳定性。

3. 燃料及动力供应条件评价

（1）燃料供应条件评价　例如煤炭、石油和天然气等是企业常用的燃料，要保证燃料的需求量得到满足。

（2）供水条件评价　例如对于用水量大的企业应该靠近水源、湖泊或者河流，并且厂址与水源地的标高应该差别不大。

（3）电力条件的评价　例如厂址应该接近动力基地，以便于取得电力和节省电力消耗。

4. 交通运输和通信条件评价

项目的运输条件分为厂外运输条件和厂内运输条件两个方面。厂外运输涉及的因素包括地理环境、物资类型、运输量大小及运输距离等。根据这些因素合理地选择运输方式及运输设备，对铁路、公路和水运做多方案比较。厂内运输主要涉及厂区布局、道路设计、载体类型、工艺要求等因素。厂内运输安排的合理适当，可使货物进出通畅，生产流转合理。对交通运输条件的分析和评价，重点应注意运输成本、运输方式的经济合理性、运输中各个环节（即装、运、卸、储等）的衔接性及运输能力等方面。

5. 外部协作配套条件和同步建设评价

外部协作配套条件是指与项目的建设和生产具有密切联系、互相制约的关联行业，如为项目生产提供半成品和包装物的上游企业和为其提供产品的下游企业的建设和运行情况。

同步建设是指项目建设、生产相关交通运输等方面的配套建设，特别是大型项目，应考虑配套项目的同步建设和所需要的相关投资。分析评估的主要内容有以下几点。

（1）全面了解关联行业的供应能力、运输条件和技术力量，从而分析配套条件的保证程度。

（2）分析关联企业的产品质量、价格、运费及对项目产品质量和成本的影响。

（3）分析评价项目的上游企业、下游企业内部配套项目在建设进度上、生产技术上和生产能力上与拟建项目的同步建设问题。

即问即答3-6

食品生产厂的建厂条件评价的主要内容包括（　　）。

A. 资源条件评价

B. 原料供应条件评价

C. 燃料及动力供应条件评价

D. 交通运输和通信条件评价

学生活动

1．某罐头厂需要建厂，假如你是一名食品厂设计人员，你会根据哪些建厂原则进行厂址选择呢？

2．请按照《轻工业建设项目可行性研究报告编制内容深度规定》（QBJS 5—2005），撰写一份罐头厂厂址选择报告。

项目二　食品生产工厂设计

学习目标

知识目标

1. 能复述食品生产工厂设计的意义。
2. 能列举食品生产厂总平面设计的基本原则和步骤。
3. 能对食品生产工厂设计的要求进行整理。

技能目标

1. 能依据厂区划分和单位工程在总平面设计中的相互关系，综合考虑厂区环境和布局。
2. 能根据生产工厂设计的要求，正确进行厂房和车间内的设计。
3. 能正确进行建筑物、构筑物的位置布置厂内交通运输和绿化美化设计。

素养目标

1. 通过因地制宜地进行食品生产工厂设计，可以锻炼理论联系实际的能力。
2. 通过全方面、多角度地考虑食品生产工厂的设计要素，培养发散思维。

情境导入

随着人们对食品的要求越来越高，食品企业对厂房的设计要求也相应地越来越高。不管是新建、改建、扩建一个厂，还是进行新工艺、新技术和新设备的研究，都需要进行设计。设计先不先进、合不合理关系到食品卫生安全和质量，都与以后工厂的效益和兴旺密切相关。

某乡镇果蔬罐头食品生产厂，为适应市场发展趋势，促进加工产业的升级，需要对生产工厂进行重新设计和布局，从而提高产品加工水平，扩大产品销路。

思考：

假如你是一名食品生产工厂的设计人员，根据现在市场的发展趋势，请提出一些工厂设计的建议。

知识导学

一、知识归纳思维导图

- 知识导学
  - 相关知识
    - 食品生产工厂设计的意义
    - 厂区划分
    - 单位工程在总平面中的相互关系
    - 食品生产工厂总平面设计的基本原则
    - 总平面设计步骤
      - 方案确定
      - 初步设计
      - 施工图设计
    - 食品生产工厂设计要求
      - 符合工厂生产工艺的要求
      - 符合食品工厂卫生的要求
      - 厂区建筑物间距应有关规范设计要求
      - 厂区各建筑物布置符合规划要求，合理利用自然条件
      - 总平面设计必须符合国家有关规定和规范
      - 建筑内部结构与材料设计要求
      - 库房设计要求
    - 厂区分建筑物、构筑物的位置布置
    - 厂区内交通运输设计
    - 绿化、美化设计
  - 关键技能
    - 食品生产工厂设计
  - 素养教育
    - 技能点
      - 厂房、车间、库房设计和布局
    - 思政元素
      - 理论联系实际的能力
      - 发散思维
    - 实现形式
      - 读书指导法
      - 讨论法

二、学习引导

资源链接：GB 14881—2013《食品安全国家标准　食品生产通用卫生规范》《中华人民共和国食品安全法》等（见附录）。

食品生产工厂设计学习课件

必备知识

一、食品生产工厂设计的意义

食品工厂建设的先进性反映着一个国家的经济和科学技术发展的水平，也反映着人民生活水平的高低，而食品工厂的先进性则首先取决于工厂设计的合理性。在日常生活中，我们经常会发现，许多刚刚建成的食品工厂，由于在设计上存在严重缺陷，致使无法正常生产，尚未投产就不得不进行返工或改造；还有一些食品工厂，由于在设计上缺乏前瞻性，投产一两年就不得不进行大范围的改造，造成大量的人力和物力浪费，还延误了生产时间，导致了巨大的经济损失。由此可以看出，食品工厂设计在食品工业发展过程中有着极其重要的地位和作用。

二、厂区划分

厂区划分主要包括厂前区、生产区、厂后区等区域，如图3-1所示，厂前区基本上属于行政管理及后勤职能部门等有关设施（食堂、医务室、车库、俱乐部、大门传达室、商店等）。生产区包括主要车间厂房及其毗连紧密的辅助车间厂房和少量动力车间厂房（水泵房、水塔或冷冻站等）。生产区应处在厂址场地的中部，也是地势地址最好的地带。厂后区主要是原料仓库、露天堆场、污水处理站等。

<table>
<tr><td rowspan="3">厂房
左侧
区域</td><td>厂前区</td><td rowspan="3">厂房
右侧
区域</td></tr>
<tr><td>生产区</td></tr>
<tr><td>厂后区</td></tr>
</table>

图3-1　厂区划分图

三、单位工程在总平面设计中的相互关系

食品工厂的主要建筑物、构筑物根据其使用功能可以分为：生产车间、辅助车间、仓库、动力设施、供水设施、排水系统、全厂性设施，如图3-2所示。

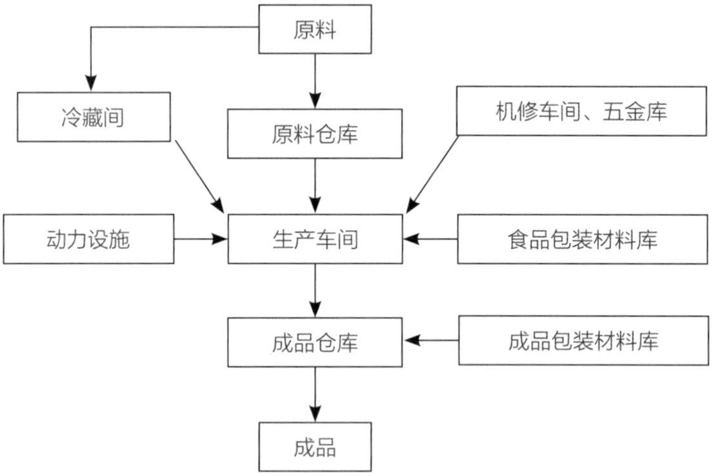

图3-2 单位工程在总平面设计中的相互关系

四、食品生产工厂总平面设计的基本原则

（1）符合经济建设的总原则即精心设计、投资省、技术新、质量好、收效快、回收期短。

（2）要了解厂址所在地区的总体规划，结合实际因地制宜，体现设计的通用性和独特性相符合的原则。总平面设计应按任务书要求进行，分期建设的工程应一次布置，分期建设还必须为远期发展留有余地。

（3）总平面设计必须符合工厂生产工艺的要求，积极采用新技术，力求设计在技术上具有现实性和先进性，在经济上具有合理性。

（4）食品工厂总平面设计必须满足食品工厂卫生要求，能让参观者放心。

（5）厂区道路应按运输量及运输工具的情况决定其宽度。

（6）厂区道路之外，应从实际出发。

（7）厂区建筑物间距应按有关规范设计。

（8）厂区各建筑物布置符合规划要求，合理利用自然条件。

（9）相互间有影响的车间，尽量不要放在同一建筑物里。相似车间应尽量放在一起。

（10）总平面设计必须符合国家有关规范和规定。

即问即答3-7

食品生产工厂设计原则不包括（　　）。

A. 结合实际因地制宜原则

B. 贯彻国家食品卫生有关规定，充分体现卫生、优美、流畅并能让参观者放心原则

C. 遵循技术新、质量好、投资多原则

D. 技术上的现实性和先进性原则

思政园地

我们在考虑工厂设计的时候除了需要丰富的理论知识，更需要结合实际情况，因地制宜地进行工厂设计，从而得到最理想、最经济的效果。

五、总平面设计步骤

1. 方案确定

（1）在生产区内，根据生产工艺流程先布置主要车间的位置，一般放在中心位置，坐北朝南。

（2）根据厂区建筑物、构筑物的功能关系放置辅助车间。

（3）根据风玫瑰图放置锅炉房的位置。一般放在主车间的下风向区，但要靠近负荷中心。

（4）确定原料库、成品库及其他库的位置，使各种库放在与生产联系距离最短的地方，但又不致交叉污染。

（5）确定厂区道路，使物流、人流、货流应有各自的路线及宽度。

（6）确定给水、排水、供电的方向及位置。

（7）布置厂前区的各种设施，同时考虑绿化位置及面积大小。

（8）布置厂大门以及其辅助建筑设施的位置。

2. 初步设计

（1）图纸比例1：500、1：1000等，图内应有地形等高线。

（2）原有建筑物与构筑物和将来拟建的建筑物与构筑物的位置和层数、地坪标高、绿化位置、道路、管线、排水方向等。

（3）在图的一角或适当位置还应绘制风向玫瑰图和区域位置图（按1：2000到1：5000比例绘制）。

3. 施工图设计

（1）标明厂址原有地形的等高线。

（2）标明测量坐标网及建筑施工坐标网。

（3）标明全年（或夏季）风向频率的风玫瑰图。

（4）标明全厂建筑物、露天作业场等平面位置坐标、地坪标高及厂区转角。

（5）道路、铁路的平面布置、标高及坡度。

（6）竖向设计、排水设施。

（7）厂区围护设施及绿化规划等。

六、食品生产工厂设计要求

1. 总平面设计必须符合工厂生产工艺的要求

（1）主车间、仓库等应按生产流程布置，并尽量缩短距离，避免生产流程的迂回往返。物料传递路线尽量短捷，尽量利用室内传递设施。

（2）全厂的货流、人流、原料、管道等的运输应有各自路线，各功能区域划分明显，并有适当的分离或分隔措施，力求避免交叉，合理加以组织安排。

（3）厂房的面积和空间应与生产能力相适应，便于设备安置、清洁消毒、物料存储及人员操作。生产车间总使用面积不小于300m^2（审查细则另有规定的从其规定）。

（4）动力设施应接近负荷中心。

2. 总平面设计必须符合食品工厂卫生的要求

（1）生产区和生活区、厂前区和生产区分开。内部设计和布局应满足食品卫生操作要求，避免食品生产中发生交叉污染。

（2）厂房和车间应根据产品特点、生产工艺、生产特性以及生产过程对清洁程度的要求合理划分作业区，并采取有效分离或分隔。如通常可划分为清洁作业区、准清洁作业区和一般作业区，或清洁作业区和一般作业区等。一般作业区应与其他作业区分隔，具体如表3-4所示。

表3-4　各作业区基本划分

清洁作业区	准清洁作业区	一般作业区	其他作业区
易腐食品、即食食品的最后冷却；成型或内包装前的存放、处理场所； 无灭菌工艺食品的原料前处理、成型和产品灌装场所及脱了内包的包材暂存间； 食品灭菌后进入内包装区域前的暴露区域	加工非直接入口食品的区域； 对空气清洁程度无特殊要求的原辅料包装材料存放区； 对空气清洁程度无特殊要求的原料、半成品和成品处理区	内容物不与环境空气直接接触的区域； 仓储区（原料仓库、包材仓库、成品仓库）、外包装车间	动力、配电、机修等用房和空调冷冻机房等

（3）生产车间与城市公路有一定的防护区。

（4）应分区布置。例如宿舍、食堂、职工娱乐设施等生活区应与生产区保持适当距离或分隔。厂房内设置的检验室应与生产区域分隔。生产区域只布置必要的工艺设备，设备与设备之间具有一定的间隙便于开展生产、清洁、检查、维护工作。

（5）总平面中要有一定的绿化面积：10%～15%。厂区绿化应与生产车间保持适当距离，植被应定期维护，以防止虫害的滋生。

（6）公用厕所要与主车间、食品原料仓库或堆场及成品库保持一定距离，并采用水冲式厕所。

（7）应考虑环境给食品生产带来的潜在污染风险，并采取适当的措施将其降至最低水平。

（8）厂区内的道路应铺设混凝土、沥青或者其他硬质材料；空地应采取必要措施，如铺设水泥、地砖或铺设草坪等方式，保持环境清洁，防止正常天气下扬尘和积水等现象的发生。

（9）生产车间应注意朝向。

（10）厂区应有适当的排水系统。

即问即答3-8

厂区应合理布局，各功能区域划分明显，厂区绿化应与生产车间保持适当距离，生活区和生产区也要保持适当分隔。（　　）

3. 厂区建筑物间距应符合有关规范设计要求

从防火、卫生、防震、防尘、噪声、日照、通风等方面来考虑，在符合有关规范的前提下使建筑物间的距离最小。建筑物间距与日照关系图如图3-3所示。

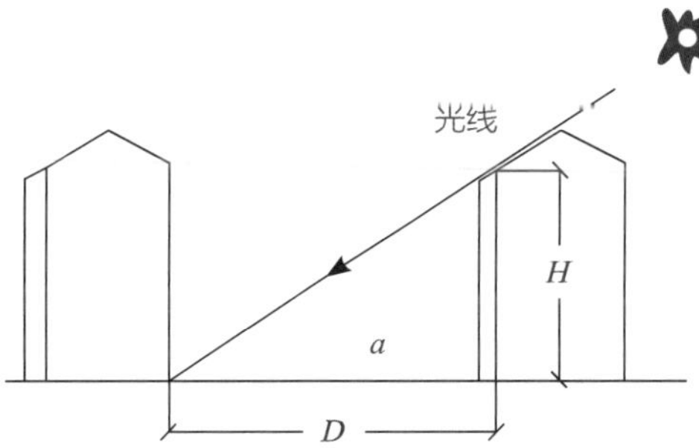

图3-3　建筑物间距与日照关系图

4. 厂区各建筑物布置符合规划要求，合理利用自然条件

（1）合理确定建筑物、道路的标高，既保证不受洪水的影响，使排水畅通，同时又节约土方工程。

（2）在坡地、山地建设工厂，可采用不同标高安排道路及建筑物，即进行合理的竖向布置。但必须注意设置护坡及防洪渠，以防山洪影响。

5. 总平面设计必须符合国家有关规定和规范

GB 50187—2012《工业企业总平面设计规范》、GB/Z 1—2010《工业企业设计卫生标准》、GB 50016—2014《建筑设计防火规范》、GBJ 22—87《厂矿道路设计规范》、GB 50019—2015《工业建筑供暖通风与空气调节设计规范》、GB 50041—2008《锅炉房设计规范》、GB 16297—1996《大气污染物综合排放标准》、GB 50055—2011《通用用电设备配电设计规范》《出口食品厂、库卫生要求（试行）》、GB 17405—1998《保健食品良好生产规范》、GB 50073—2013《洁净厂房设计规范》、GB 14881—2013《食品安全国家标准 食品生产通用卫生规范》等以及厂址所在地区的发展规划，保证工业企业协作条件。

6. 建筑内部结构与材料设计要求

（1）内部结构　建筑内部结构应易于维护、清洁或消毒。应采用适当的耐用材料建造。

（2）顶棚　顶棚应使用无毒、无味、与生产需求相适应、易于观察清洁状况的材料建造；若直接在屋顶内层喷涂涂料作为顶棚，应使用无毒、无味、防霉、不易脱落、易于清洁的涂料。顶棚应易于清洁、消毒，在结构上不利于冷凝水垂直滴下，防止虫害和霉菌滋生。蒸汽、水、电等配件管路应避免设置于暴露食品的上方；如确需设置，应有能防止灰尘散落及水滴掉落的装置或措施。

（3）墙壁　墙面、隔断应使用无毒、无味的防渗透材料建造，在操作高度范围内的墙面应光滑、不易积累污垢且易于清洁；若使用涂料，应无毒、无味、防霉、不易脱落、易于清洁。墙壁、隔断和地面交界处应结构合理、易于清洁，能有效避免污垢积存。例如设置漫弯形交界面等。

（4）门窗　门窗应闭合严密。门的表面应平滑、防吸附、不渗透，并易于清洁、消毒。应使用不透水、坚固、不变形的材料制成。清洁作业区和准清洁作业区与其他区域之间的门应能及时关闭。窗户玻璃应使用不易碎材料。若使用普通玻璃，应采取必要的措施防止玻璃破碎后对原料、包装材料及食品造成污染。窗户如设置窗台，其结构应能避免灰尘积存且易于清洁。可开启的窗户应装有易于清洁的防虫害窗纱。

（5）地面　地面应使用无毒、无味、不渗透、耐腐蚀的材料建造。地面的结构应有利于排污和清洗的需要。地面应平坦防滑、无裂缝，并易于清洁、消毒，并有适当的措施防止积水。

（6）采光、照明设计　各生产车间全部以日光灯照明。拆包间、混料间、原料仓、操作车间、冷却车间、内包装车间的日光灯加装防护灯罩。

即问即答3-9

无灭菌工艺食品的原料前处理、成型和产品灌装场所及脱了内包的包材暂存间一般存放在准清洁作业区。（　　）

7. 库房设计要求

（1）应当设置与生产能力相适应的库房，总使用面积不小于150m^2。库房整洁，地面平整，易于维护、清洁，防止虫害侵入和藏匿。必要时库房应当设置相适应的温度、湿度控制等设施。企业需设置与留存样品储存条件相适应的设备、设施，留样区域或留样室使用面积应不小于10m^2。

（2）原辅料、半成品、成品等物料应当依据性质的不同分设库房或分区存放。清洁剂、消毒剂、杀虫剂、润滑剂、燃料等物料应当与原辅料、半成品、成品等物料分隔放置。库房内的物料应当与墙壁、地面保持适当距离，并明确标识，防止交叉污染。

（3）有外设仓库的，应当承诺外设仓库符合上述（1）和（2）条款的要求，并提供相关影像资料。

即问即答3-10

外设仓库因为在厂区外，所以不需要与厂区内仓库有同等严格的设置要求。（　　）

七、建筑物和构筑物的位置布置

1. 主生产车间建筑物的位置布置

（1）考虑布置在生产区的中心地带。

（2）其所在位置应当地势平坦，地耐力超过（1.5～2）×10^{5}N/m^2。

（3）其朝向应当正面朝阳或偏南向布置。

（4）生产车间布置位置应以直通生活区和厂大门为宜。

2. 辅助车间建筑物等的位置布置

（1）辅助车间建筑物等的位置应靠近其服务的主车间厂房或其服务对象的等距离处。

（2）可布置在厂区左侧或右侧。

3. 动力车间（包括锅炉房、冷冻站、空压站、变电所等）建筑物的布置位置

（1）应尽量靠近其服务的具体部门，可以大部分集中在厂区左侧或右侧。少数也有布置在生产区内的。

（2）还应布置在厂区的下风向。

4. 行政管理和后勤部门建筑设施的位置布置

（1）应该集中在厂前区。

（2）多设置在工厂的大门处临近两侧。

（3）办公大楼要正对着入口并且附以大型花池绿化及侧旁美化，有体现厂址方位朝向的作用。

5. 确定厂区建筑物、构筑物间的距离

厂区建筑物、构筑物间的距离，应满足生产、防火、卫生、防震、防尘、噪声、日照、通风等条件的要求，并使建筑物、构筑物的间距最小。

八、厂区内交通运输设计

厂区道路保证食品工厂在整个生产过程中的货物运输和人员流动正常进行，它把厂区内各建筑物和构筑物连接在一起，实际上起着联系所有生产活动和生活活动的作用。在进行食品工厂总平面设计时，交通线路的布置非常重要，应特别注意以下几点。

（1）根据运输货物的性质及运输频繁程度设置厂区主干道、次干道、厂内运输道及人行通道。原料进厂和产品出厂等有大型货车频繁通行的道路要与人员通道分开，并设置明显的安全标志。

（2）厂区道路应保证通畅以便于机动车辆通行，推荐采用环形道路，方便大型货车掉头转向，同时保证消防要求。

（3）厂区道路、停车场和堆场地面应采用便于清洗的混凝土、沥青及其他硬质材料铺设，防止灰尘飞扬，造成产品及环境污染。道路两旁可采用绿化方式避免裸露泥土存在，保证食品工厂生产环境良好。道路路面应有一定坡度，两侧设置排水沟，防止路面积水。道路纵横贯通，其宽度依主干道、次干道、人行道和消防车道而异，主干道宽6～9m，其他支干道宽4～6m。

即问即答3-11

在进行食品工厂设计总平面时，交通线路的布置非常重要。下列（　　）不是其设计要求。

A. 原料进厂和产品出厂等有大型货车频繁通行的道路要与人员通道分开，并设置明显的安全标志

B. 为保证道路通畅，便于机动车辆通行，大型货车掉头转向，推荐采用环形道路

C. 为节省成本，厂区道路应采用混凝土、沥青及其他硬质材料铺设，防止灰尘飞扬，停车场和堆场地面不需要

D. 厂区道路主干道宽6～9m，其他支干道宽4～6m

九、绿化、美化设计

对食品生产企业来说，绿化是至关重要的，可以起到美化厂区、净化空气、调节气

温、消除污染、保护环境的作用。

（1）在洁净生产车间外墙之外约3m宽的范围内禁止种草种花，应做硬质地面，并宜再加30cm以上深和宽的沟，沟内应抹水泥并添加卵石。

（2）在规划设计前要对工厂的自然条件、生产性质、规模、污染状况等进行充分的调查。首先考虑的是工厂的自然条件，对厂区的气候、地理纬度、温度、风向等一系列问题进行多方面考虑，最终达到适地适树。

（3）绿地规划设计要与建筑主体相协调。要将园林绿化纳入工厂总平面布置中，做到全面规划、合理布局，形成点、线、面相结合，充分发挥绿地的卫生防护和美化环境作用，工厂掩映于绿茵之中。

（4）绿化时不能影响地面上下管线和车间生产的采光。当厂区平面绿化达到预期效果时，还要考虑到厂区空中以及地下所带来的不便。食品企业厂区作为卫生条件要求严格的场所，要保证出厂食品的卫生安全，主要是消除绿化对食品潜在的危害，但更重要的是避免危害潜入车间。

（5）厂前区绿化。厂前区是厂大门到办公楼的区域，是对外联系的窗口。该区域植物栽植多数采用规则式和混合式相结合的方法。如果中心建筑离大门较近，可选择开花灌木或松柏类植物，如果中心建筑离大门较远，可选择乔木和灌木，远离大楼的地方则可根据地形变化采用自然式布局，栽植观赏花木，铺设草坪。

（6）生产区绿化。该区域是厂区绿化的重点部位。不同性质的车间、绿化也不同。宜选择无飞絮、无花粉、落叶整齐的树种，同时注意低矮的地被和草坪的应用，以起到固土、防止扬尘的作用。高温车间应选择高大的阔叶乔木和颜色较浅而有香味的开花灌木或花卉，如杨树、太平花、栀子花等。对易产生污染物质的车间，应选择生长迅速、抗污染能力强的树种密植构成绿化隔离带。储水池水、井周围可选择常绿树和没有飞絮、花粉和带翅果的落叶、阔叶树。仓库、堆料场和动力设施周围，可选择不含油脂的树种以防火灾。

（7）防护林及道路绿化。防护林带根据实际情况、防护范围、绿化条件，可选择在当地生长很好无飞絮、抗污染能力强的乔灌木，以防止风沙和外界隔断。厂内道路绿化是环境绿化的重要组成部分，应满足遮阴、防尘、降低噪声、保证交通运输安全等要求。因此宜选择生长健壮、树冠整齐、分枝点高、遮阴效果好、抗性强的乔木作为行道树。

（8）仓库区域绿化。仓库区域绿化宜选择树干通直、分枝点高的树种，稀疏栽植乔木为主，以保证各种运输车辆行驶畅通。

（9）一般可以种植不开花的绿色植物。绿化应以种草坪为主，不宜种植产生花絮、花粉的花卉和树木。如乔木类赏花型绿植，因为赏花型树木会吸引大量的花媒昆虫，由于这些花媒昆虫大都具有趋光性，进入室内，会使工厂内部虫害密度上升。

（10）食品企业需加强绿化植物的管理、维护。对灌木类绿植，宜加强日常管理，定期修剪，避免有花朵。否则每年春季，是引诱丝光绿蝇的高峰期。另外，灌木丛底部的枯枝要修剪掉，保持内部通风，以减少喜阴性昆虫，如摇蚊，雄蚊，瘿蚊等飞虫躲藏。对草坪类绿植，种植时宜留出至少80cm的无植被地带，且避免种植长势过快的品种如高羊茅草等。在春季草势生长较快时，勤修剪，保持草坪高度在7cm以下。同时应加强车间封闭、人员洗消的管理。

即问即答3-12

厂前区植物栽植多数采用自然式布局的方法，而远离大楼的地方则可根据地形变化采用规则式和混合式相结合布局，栽植观赏花木，铺设草坪。(　　)

思政园地

食品工厂设计是一门与政治、经济、技术紧密结合，综合性很强的科学技术。在学习过程中，更需要培养设计者的发散思维，让设计者全方面、多角度地考虑生产工厂的设计要素，从而让企业获得更大的发展空间。

学生活动

假如你是一名饮料生产工厂设计人员，根据当前企业自身发展需求需要重新设计厂房和车间等，请提出一些改进设计的建议。

模块四 食品生产设备、器具及包装材料管理

项目一 食品生产设备、器具的卫生控制

学习目标

知识目标

1. 能说出食品生产设备、器具的一般要求。
2. 能说出清洁消毒设施的相关概念。
3. 能说出个人卫生设施的注意事项。

技能目标

1. 能根据所学习的知识设计食品生产设备、器具的卫生控制检查表。
2. 能绘制简单的食品加工车间通风设施的布局图。
3. 能绘制简单的照明设施安装位置示意图。
4. 能够设计简单的供排水设施布局图。

素养目标

1. 通过学习设计和布局的要求，锻炼逻辑思维能力，加强理论联系实际的能力。
2. 通过学习清洁消毒设施的相关概念和个人卫生设施的注意事项，培养讲卫生、爱干净的好习惯，树立正确的食品行业道德观，形成认真负责的工作态度。

情境导入

3月15日，某知名火锅品牌因“用扫帚捣制冰机”登上热搜，引发了网友们对火锅行业食品安全问题的广泛关注。一段“卧底某品牌火锅店”的视频显示，网络视频爆出火锅店诸多惊人的卫生问题：不用健康证就能入职工作；菇类、青菜等不清洗，上桌前淋水冒充新鲜；土豆外表已经发绿、发黑，刮掉表面继续使用；水果和肉类混用刀具案板；打扫卫生的扫帚捣制冰机冰块；碗筷洗不干净等。

思考：

如果你是检查人员，需要调查哪些食品生产设备和器具？

知识导学

一、知识归纳思维导图

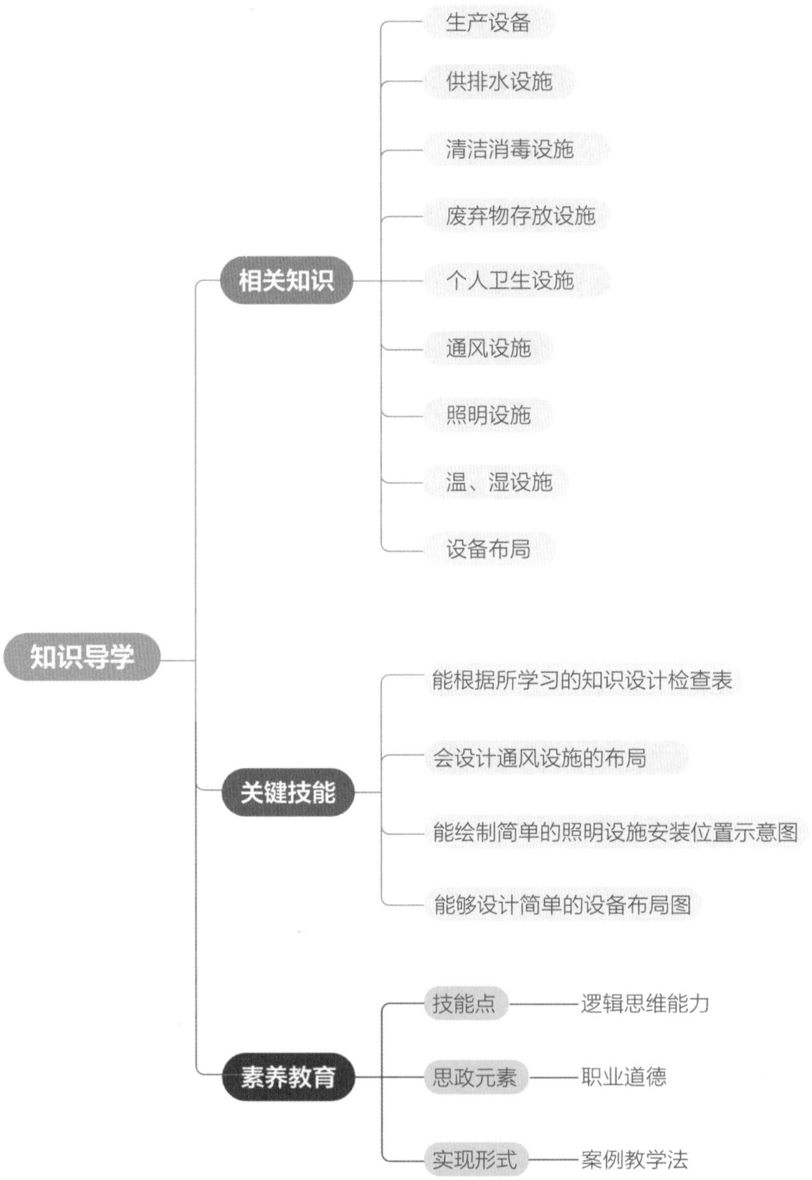

二、学习引导

资源链接：GB 14881—2013《食品安全国家标准　食品生产通用卫生规范》等（见附录）。

食品生产设备、器具的卫生控制学习课件

必备知识

一、生产设备

1. 一般要求

食品生产设备的原料必须适合食品生产的要求，不能影响产品的质量，不能被产品或任何清洗消毒剂腐蚀、分解或渗透，必须使设备成分之间的电化学腐蚀反应减少到最低程度，包括焊缝、螺钉、螺母和零件等。

食品生产设备与产品相接触的表面使用不锈钢，一般通用的型号为304不锈钢。抗腐蚀性能更强的是316不锈钢，现在已被广泛使用。

机械结构要求表面光滑。铸件的粗糙表面是导致污染产品的隐患，容易造成清洗困难，引起微生物的潜伏和交叉污染。接缝和焊接处必须平整光滑，表面涂覆无毒且耐腐蚀的涂料。

设备的设计必须考虑易于清洗。所有与产品接触的表面应便于检查和机械清洗；各部件要便于拆卸，以达到彻底清洗的要求。所有设备在首次使用之前，先进行清洗和钝化（对能与产品反应的表面进行灭活处理），在某些情况下，由于设备的某部分的变化需要进行再钝化。

设备必须安装在易于操作、检查和维修的场地上，其环境应易于清洗，以保证卫生，而使产品受污染的可能性减少到最低。部件结构（支柱、曲柄、基座等）的设计，其集污的可能性必须减少到最低。

2. 材质

与原料、半成品、成品接触的设备与用具，应使用无毒、无味、抗腐蚀、不易脱落的材料制作，在正常生产条件下不会与食品、清洁剂和消毒剂发生反应，并应保持完好无损。

3. 设计

所有生产设备应从设计和结构上避免零件、金属碎屑、润滑油或其他污染因素混入食品，并应易于清洁消毒、易于检查和维护。设备应不留空隙地固定在墙壁或地板上，或在安装时与地面和墙壁间保留足够空间，以便清洁和维护。

（1）设计和布局的要求

①能使操作中关键控制点减少。

②满足取样和在线监控的要求。

③防护（绝缘）材料不能成为产品的污染源。

④易于维护、清洁和排空，不能有易积留残留物或不容易清洁的部件。

⑤转角的连接处宜为弧形。

⑥与产品接触表面同产品相适应，即考虑不同的状态，如干性、液体、流体等；不同特性如酸性、碱性等；木制品、棉制品、微生物、塑料制品（含塑化剂）、金属（迁移作用）等。食品接触区域不得碰涂油漆。

（2）布局注意事项

①按工艺流程顺序排列，防止不同加工步骤或区域间的交叉污染，合理的垂直或水平流向，减少迂回。

②根据设备特点安装，即设备可不留空隙地固定在墙壁或地板上（防止空隙处积灰，难发现与清洁），或在安装时与地面和墙壁间保留足够空间（便于清洁和维护）。

③安装位置易于人员操作和在线控制，如不能避免横跨生产线，则暴露的生产线应有防护措施。

④与地面的排污设施相协调，避免遮盖排水地漏，导致无法检查和清洁。

⑤在移动部件时，考虑到人员安全，可移动设备应有相应固定的位置。

二、供排水设施

供排水设施在食品生产环节中的合理设计至关重要。这可以保证食品生产用水的质量和卫生，防止污染食品和环境；同时还需要遵循相关的卫生规范和标准，以保障供排水系统的有效性和安全性。

食品工厂的排出水按性质可以分为食品加工用水、食品生产用水、特殊要求加工用水、生活废水和雨水等，一般情况下，食品工厂设计的排水系统宜采取污水与雨水分流排放系统，即采用两个排水系统分别排放污水与雨水。根据污水处理工艺的不同，有时还要将污水按污染程度再进行细分，清浊分流，分别排至污水处理站，分质进行污水处理。排水量采用分别计算、最后累加的方法进行计算。

（1）排水系统的设计和建造应确保排水通畅，方便清洁和维护，以满足食品生产的需要，保障食品及生产、清洁用水不受污染。

（2）排水系统的入口应装有水封的地漏等装置，以防止固体废弃物进入排水系统。

（3）排水系统的出口应采取适当的措施，以降低虫害风险。

（4）室内排水的流向应根据清洁程度要求从高到低，同时应考虑防止逆流的设计。

（5）污水在排放前应经过适当的处理，以满足国家污水排放的相关规定。

三、清洁消毒设施

应当配备相应的食品、工器具和设备的清洁设施，必要时配备相应的消毒设施。清洁、消毒方式应当避免对食品造成交叉污染，使用的洗涤剂、消毒剂应当符合相关规定要求。

1. 清洁与消毒的对象

（1）设备和工具　包括切菜板、刀具、锅具、炉灶、搅拌器等用于食品加工的各种设备和工具。

（2）操作台面和表面　食品加工区域的工作台、操作台面、墙壁、地板等表面。

（3）容器和包装　用于储存和包装食品的容器。

（4）手部卫生　食品处理人员的双手是重要的清洁对象，保持洁净可以防止交叉污染。

（5）食品接触表面　餐具及其消毒设备等食品与人体直接接触的表面。

2. 清洁与消毒的方式

（1）机械清洗　使用机器设备进行清洗，例如洗碗机、清洗剥皮机等。

（2）手工清洗　使用清洁刷、清洁布等手工工具进行表面的清洁。

（3）化学消毒　使用消毒剂如漂白粉、过氧化氢等，按照正确的浓度和时间进行消毒。

（4）热水消毒　使用高温热水进行消毒，确保设备和表面达到一定温度杀灭细菌。

（5）蒸汽消毒　使用蒸汽对设备和表面进行高温消毒。

3. 清洁与消毒的设施

（1）清洗区域　设立专门的清洗区域，配备清洗池、水槽、洗涤剂等，方便清洗设备和工具。

（2）消毒设备　配备专门的消毒设备，如消毒柜、消毒水槽等，用于消毒餐具和器具。

（3）通风设施　食品加工区域应有良好的通风设施，确保化学消毒剂挥发后不会对食品造成污染。

（4）个人卫生设施　提供洗手池、消毒液、肥皂等，保障食品处理人员的个人卫生。

（5）垃圾处理区　设立垃圾分类区，确保废弃物得到妥善处理，不会影响食品的卫生安全。

需要注意的是，食品安全员在进行清洁与消毒时，应当遵循相关的卫生标准和操作规程，确保清洁与消毒的有效性，以及对食品和消费者的健康安全负责。

四、废弃物存放设施

废弃物分为气态废弃物、液态废弃物和固体废弃物，其存放应当配备设计合理、防止渗漏、易于清洁的存放废弃物的专用设施。车间内存放废弃物的设施和容器应当标识清晰，不得与盛装原辅料、半成品、成品的容器混用，并保持设施外部卫生。

五、个人卫生设施

生产场所或车间入口处应当设置更衣室，更衣室应当保证工作服与个人服装及其他物品分开放置；车间入口及车间内必要处，应当按需设置换鞋（穿戴鞋套）设施或鞋靴消毒设施。清洁作业区入口应当设置与生产加工人员数量相匹配的非手动式洗手、干手和消毒设施。卫生间不得与生产、包装或储存等区域直接连通。

1. 更衣室

更衣室面积应与加工人员数量相适宜，是与车间相连的独立区域。必要时，要为在（准）清洁作业区和一般作业的加工人员分别设置更衣间，并将其出入各自工作区的通道分开。

更衣室应通风良好，空气干燥，亮度适宜，保持清洁卫生，不得对车间造成潜在的污染风险如空气、微生物、异物等。更衣室内个人衣物、鞋要与工作服、靴分开放置；挂衣架应使挂上去的工作服与墙壁保持一定的距离，不与墙壁贴碰。

同时应注意以下问题：是否需要分别设置男、女更衣室；是否标示更衣程序，设置穿衣镜；工作服与个人服装分开放置；工作服灭菌消毒措施是否到位；生熟车间是否共用更衣室；一般作业区、准清洁作业区与清洁作业区是否共用更衣室。

2. 加工人员“消毒”设施

个人卫生在食品生产环节中至关重要。加工人员在进入加工区域前，必须彻底洗净双手。洗手程序应包括充分湿润双手，使用肥皂彻底搓揉手心、指缝、指甲等部位，用流动的清水冲洗干净，然后使用单次性纸巾或烘干设备擦干或烘干双手。这有助于防止细菌、病毒等污染食品，保障产品的卫生和安全。

3. 风淋室的设置、使用及维护

风淋室是一种用于减少微生物在人员进入洁净区域时的带入量的设备。风淋室应设置在进入洁净区域前，通过高速气流将人员身上的尘埃和微生物去除。其使用方法是站在风淋室中心，待风淋机启动后，用双手将头发抓起，使气流能够充分吹洗全身。风淋室的定期维护非常重要，能够保持风淋设备的正常工作状态，确保其在洁净环境中的有效性。

4. 车间内卫生间、淋浴室的设置、卫生状况及维护措施

在食品加工车间内，设置卫生间和淋浴室是为了确保加工人员能够在需要时方便地维护个人卫生。这些设施应设置在分隔的区域内，以防止与食品接触。卫生间和淋浴室的卫生状况至关重要，应定期进行清洁和消毒。卫生间应配备洗手池、肥皂、纸巾等设施，以鼓励加工人员保持良好的个人卫生习惯。淋浴室则需要保持干燥，防止霉菌滋生。

通过加强个人卫生设施的管理和维护，食品生产车间可以创造出洁净、卫生的工作环境。洁净的环境有助于防止微生物污染食品，保障食品的卫生安全。加工人员通过正确的洗手、使用风淋室以及合理使用卫生间和淋浴室，可以有效减少污染的风险。同时，定期的设施检查、清洁和维护也是确保这些设施正常运作的关键，从而保障食品生产的卫生和质量。

六、通风设施

生产场所应当配备适宜的通风、排气设施，避免空气从清洁程度要求低的作业区域流向清洁程度要求高的作业区域；合理设置进气口位置，必要时应当安装空气过滤净化或除尘设施。通风设施应当易于清洁、维修或更换，并能防止虫害侵入。通风设施可以提供新鲜空气，排出车间内的污染空气，调节室内的温度和湿度，同时也可以起到保存食品和其他物品的目的。

七、照明设施

厂房内应当有充足的自然采光或人工照明，光泽和亮度应能满足生产和操作需要，光源应能使物料呈现真实的颜色。在暴露食品和原辅料正上方的照明设施应当使用安全型或有防护措施的照明设施；如需要，还应当配备应急照明设施。

八、温、湿设施

加工易腐易变质产品的车间应具备空调工程设施，肉类和水产品加工净化车间的温度在夏季应不超过15～18℃，肉制品的腌制间温度应不超过4℃。

在加工易腐烂和易变质产品的车间中，保持适宜的温度是至关重要的。为此，车间应配备空调工程设施。对于肉类和水产品加工净化车间，夏季的温度应保持在15~18℃。而肉制品腌制间的温度则不应超过4℃。

1. 温度控制设施

车间中的加热、冷却、冷冻以及速冻等工艺需要适当的设施。这包括蒸汽锅炉、热交换器、热风设施、降温槽、制冷机、冷冻库房和速冻设施。另外车间还需要能够控制室温的设施，如空调系统和采暖设施。

2. 温度监测设施

为了确保加工过程中的温度符合要求，车间应配备温度计等监测设施，以及定期进行温度监测。

3. 湿度控制设施

湿度的控制在加工过程中同样具有重要作用。车间可以配备水冷机等设施，以维持适宜的湿度水平。

通过合适的温度和湿度控制设施，可以确保食品加工过程中的温度和湿度稳定，从而保障产品质量和食品安全。此外，使用符合标准的工具和设备，以及合理维护和清洁，有助于防止食品污染和卫生问题的产生，维护食品生产环境的洁净和卫生。

即问即答4-1

温度控制设施在食品生产中的主要目的是（　　）。

A. 提高生产效率　　B. 增加能源消耗

C. 确保食品质量和卫生安全　　D. 增加员工舒适度

九、设备布局

在食品生产过程中，设备布局和车间设计是确保高效生产和卫生安全的关键因素。合理的设备布局能够优化工艺流程，方便日常清洁、消毒和维护，同时也有助于预防交叉污染的发生。

设备布局应根据具体的工艺流程进行有序排列，以确保操作的流畅性。不同的生产环节需要合理的分隔，避免原料、成品或不同工艺步骤之间发生交叉污染。

针对不同类型的生产车间，应考虑以下方面的设计。

（1）作业流程优化　设计布局时要确保原料的进出、加工步骤、设备放置等均能够按照合理的工艺流程顺序进行。

（2）空间分隔　在厂房、车间内设置适当的隔离区域，以防止不同阶段的产品交叉污染。

（3）清洁便捷性　设备之间的距离和布局应方便清洁人员进入并进行清洁、消毒工作。

（4）人员流动　人员通行路径应与设备布局相匹配，避免人员与产品直接接触，减少可能的污染。

通过适当的设备布局和合理的车间设计，可以创造出一个更加清洁、高效和安全的食品生产环境。这将有助于提高食品质量、降低污染风险，为消费者提供健康安全的产品。

即问即答4-2

设备布局的目标是（　　）。

A. 增加设备维护成本　　B. 方便日常清洁、消毒和维护

C. 优化工艺流程　　D. 预防交叉污染

学生活动

假如你是一名食品企业检查人员，根据GB 14881—2013《食品安全国家标准　食品生产通用卫生规范》要求对食品企业设备设施进行检测，请绘制设备设施检查表，在检测过程中并对发现问题提出改进建议。

设备设施检查表

序号	核查项目	核查内容	评分标准		核查依据
1	清洁消毒设施		符合规定要求	3	GB 14881—2013《食品安全国家标准　食品生产通用卫生规范》第5.1.3款
			清洁消毒设施略有不足	1	
			清洁消毒设施严重不足，或者清洁消毒的方式、用品不符合规定要求	0	
2	废弃物存放设施		符合规定要求	3	GB 14881—2013《食品安全国家标准　食品生产通用卫生规范》第5.1.4款
			废弃物存放设施及标识略有不足	1	
			废弃物存放设施设计不合理，或者与盛装原辅料、半成品、成品的容器混用	0	
3	个人卫生设施		符合规定要求	3	GB 14881—2013《食品安全国家标准　食品生产通用卫生规范》第5.1.5款
			个人卫生设施略有不足	1	
			个人卫生设施严重不符合规范要求，或者卫生间与生产、包装、贮存等区域直接连通	0	
4	通风设施		符合规定要求	3	GB 14881—2013《食品安全国家标准　食品生产通用卫生规范》第5.1.6款
			通风设施略有不足	1	
			通风设施严重不足，或者不能满足必要的空气过滤净化、除尘、防止虫害侵入的需求	0	
5	照明设施		符合规定要求	3	GB 14881—2013《食品安全国家标准　食品生产通用卫生规范》第5.1.7款
			照明设施或者防护措施略有不足	1	
			照明设施或者防护措施严重不足	0	
6	温控设施		符合规定要求	3	GB 14881—2013《食品安全国家标准　食品生产通用卫生规范》第5.1.9款
			温控设施略有不足	1	
			温控设施严重不足	0	
7	检验设备设施		符合规定要求	3	GB 14881—2013《食品安全国家标准　食品生产通用卫生规范》第9.2款
			检验室布局略不合理，或者检验设备性能略有不足	1	
			检验室布局不合理，或者检验设备数量、性能、精度不能满足检验需求	0	

项目二　食品包装材料的卫生控制

学习目标

知识目标

1. 能复述食品包装材料相关概念。
2. 了解合格证明文件的相关概念。
3. 了解包装材料和容器对于食品安全的意义。

技能目标

1. 能进行食品包装的正确分类。
2. 能复述可能存在危害物质有哪些。
3. 能说出食品包装用纸的安全问题有哪些。

素养目标

1. 通过学习合格证明文件的相关概念，树立健全的食品法制观念，培养遵纪守法的意识。
2. 通过学习包装材料和容器对于食品安全的意义，培养维护环境的环保意识。
3. 通过学习食品包装中可能存在危害物质，提升食品安全意识，树立正确的食品行业道德观，形成认真负责的工作态度，弘扬精益求精的工匠精神。

情境导入

在生活中，食品包装袋、外卖盒、打包盒等在每一次的吃饭中都有可能出现，可以说是非常常见的事物。在吃饭过程中，吃进去的不仅是营养美味的食物，也有可能是危害身体的有毒物质。

食物的外衣，可能会对食品安全造成威胁。一般情况下，我们讨论的食品安全问题都来自于食物的本身，如以前爆发过的苏丹红鸡翅、地沟油、瘦肉精、注水猪肉等事件。但是很多人往往忽略了食品的“外衣”——食品包装。因为在售出前乃至食用之前，食品都离不开“外衣包装”，所以食品包装一旦出现问题，食品安全也将会受到威胁。

思考：

作为一名食品相关专业人员，在食品包装材料使用过程中，你能归纳总结出哪些注意事项？

知识导学

一、知识归纳思维导图

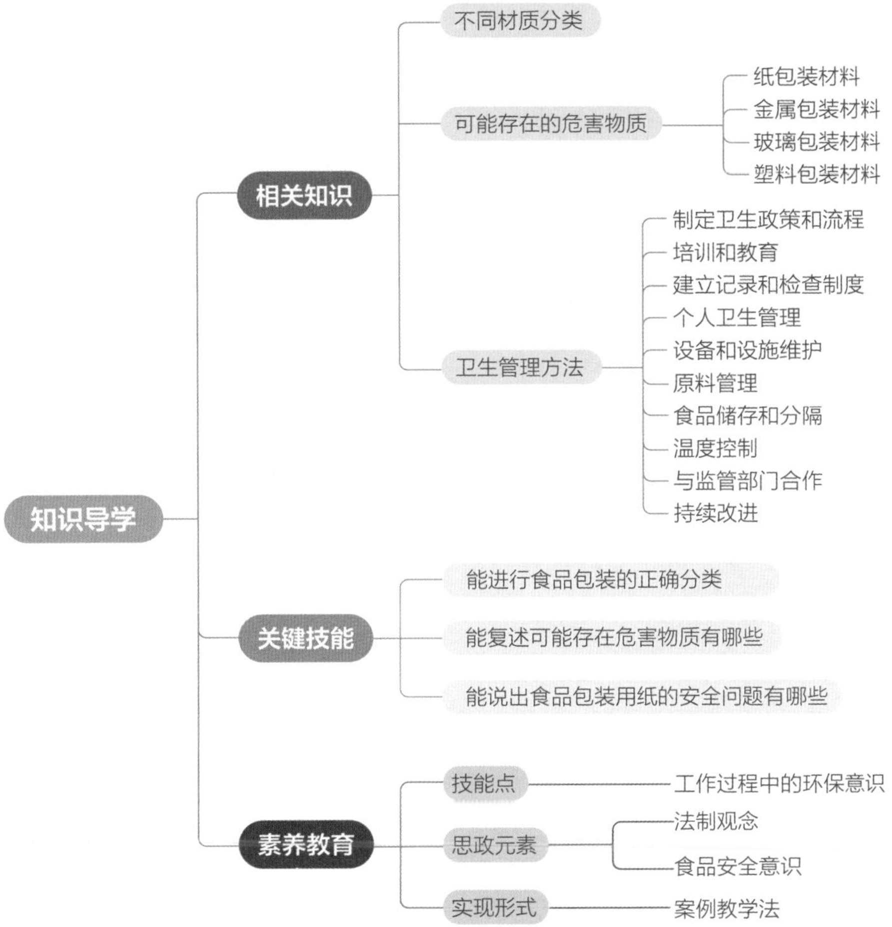

二、学习引导

资源链接：《中华人民共和国食品安全法》、GB 4806.1—2016《食品安全国家标准　食品接触材料及制品通用安全要求》、GB 9685—2016《食品安全国家标准　食品接触材料及制品用添加剂使用标准》等（见附录）。

食品包装材料的卫生控制学习课件

必备知识

一、包装材料的安全和使用问题

（一）食品包装对食品安全的意义

食品包装是用于食品的包装材料和容器，指包装、盛放食品或者食品添加剂用的纸、竹、木、金属、搪瓷、陶瓷、塑料、橡胶、天然纤维、化学纤维、玻璃等制品和直接接触食品或者食品添加剂的涂料。

合适的包装方式和材料可以保护食品不受外界的污染，保持食品本身的水分、成分、品质等特性不发生改变。

包装材料本身不得改变食品成分、导致食品的污染，影响食品的色泽、形态、味道等特性，包装材料本身所含化学成分不会向食品中发生迁移，或迁移的量不会超过一定限量，影响食品安全。

如图4-1所示，包装种类繁多、分类角度各异。根据包装技术不同，可分为真空包装、吸塑包装、贴体包装、充气包装、收缩包装等。根据包装材料不同，可分为金属包装、纸包装、塑料包装、复合材料包装、玻璃包装、陶瓷包装等。

图4-1　食品包装盒

不同食品的水分活度、杀菌条件、流通环境、储存条件、保质期差别较大，对包装材料的要求也不同。好的包装材料不仅仅能够保护食品不受外界污染，方便运输、流通，在延长保质期、保持食品固有的色、香、味方面更有不可取代的作用。如果包装材料选择不当，可能导致产品在保质期内失重、化学变质、褪色、受潮发霉等问题。

（二）包装材料的安全管理

食品企业应加强对包装材料的管理，可以建立包装材料的使用台账，账目清晰，记载完整。要求对包装材料明确标识，并明确领用包装材料需做好清晰记录以及建立批次管理制度，在使用前对包装材料进行核对，避免误用造成的食品安全危害，做到包装材料可追溯。

食品企业对包装材料的购入、使用等，可以制定验收、储存、使用、检验等制度，同时，可以通过建立包装材料编号管理，保证包装材料的正确使用和可追溯。

二、各类包装材料的优缺点

1. 纸包装材料

目前，食品包装用纸的安全问题主要是以下几点。

（1）纸原料不清洁，有污染，甚至霉变，使成品染上大量霉菌。

（2）经荧光增白剂处理，使包装纸和原料纸中含有荧光化学污染物。

（3）包装纸涂蜡，使其含有过高的多环芳烃化合物。

（4）彩色颜料污染，如糖果所使用的彩色包装纸，涂彩层接触糖果造成污染。

（5）挥发性物质、农药及重金属等化学残留物的污染。

2. 金属包装材料

优点：金属包装材料具有优良的阻隔性能和机械性能，表面装饰性能好，废弃物处理性能好，对环境的污染少。

缺点：其化学稳定性差，特别是包装酸性内容物时，金属离子易析出而影响食品风味。

铁和铝是目前使用的两种主要的金属包装材料，其中最常用的是马口铁、无锡钢板、铝和铝箔等。

3. 玻璃包装材料

玻璃是由石英石、纯碱、石灰石、稳定剂为主要原料，加入澄清剂、着色剂、脱色剂等，经调温熔炼再经冷凝而成的一种非晶体材料。

优点：玻璃化学稳定性好，并且具有光亮、透明、美观、阻隔性能好、可回收再利用等优点。

缺点：玻璃容器重量大且容易破碎，这一性能缺点影响在食品包装上的使用与发展。除此之外，因为玻璃的种类不同还存在着来自原料中的溶出物，所以在安全检测时应该检测碱、铅（铅结晶玻璃）及砷（消泡剂）的溶出量，这几种物质对人体的危害较大。

4. 塑料包装材料

（1）概念　塑料包装是指用塑料包装。塑料是以合成或天然的高分子树脂为主要材料，添加各种助剂后，在一定的温度和压力下具有延展性，冷却后可以固定其形状的一类材料，如图4-2所示。

图4-2　塑料包装材料

塑料很难分解，从而会对环境产生污染，处理塑料制品时会产生的二噁英等致癌物。塑料一般性质稳定，当前用作食品包装的塑料主要有聚乙烯、聚丙烯、聚苯乙烯等几种，不加增塑剂、防老剂时前两者基本无毒。但是，塑料制品为了增加其可塑性、强度、透明度等而添加多种添加剂，这些添加剂在优化材料品质的同时，有可能带来有毒有害的物质残留。

（2）常用的添加剂

①着色剂。使用各种色素提高美观或遮掩瑕疵，由于有色塑料对人的危害严重，人们更喜欢使用白色或无色的塑料制品，因此有些塑料制品中就会添加白色着色剂或增加透明度的添加剂。

②塑化剂。即增塑剂，增加了聚合物的塑性，表现为聚合物的硬度、软化温度和脆化温度下降，而伸长率、曲挠性和柔韧性提高，起到增加塑料弹性的作用。

即问即答4-3

常用的食品包装有（　　）。

A. 纸包装材料　　B. 金属包装材料

C. 玻璃包装材料　　D. 塑料包装材料

三、卫生管理方法

食品安全员在食品加工和处理过程中扮演着至关重要的角色，他们负责食品的卫生安全，以保障消费者的健康。为了有效管理卫生问题，食品安全员需要采取一系列综合性的卫生管理方法，以确保食品从生产环节到消费环节都保持高水平的卫生标准。以下是一些食品安全员常用的卫生管理方法，涵盖了各个方面的需求。

1. 制定卫生政策和流程

食品安全员应与管理层合作，制定明确的卫生政策和流程。这些政策和流程应覆盖从原料采购、加工、储存到分销的各个环节，确保所有员工都了解并遵守卫生标准和规定。

2. 培训和教育

食品安全员应定期对所有员工进行卫生培训。这些培训可以涵盖食品卫生知识、操作规程、个人卫生等。通过不断地培训，员工可以提高卫生意识和操作技能。

3. 建立记录和检查制度

建立记录表格，记录每日的清洁和消毒活动，以及设备的维护情况。食品安全员应定期进行内部检查，以确保卫生措施得到落实。这些记录和检查可以追溯卫生问题，及时发现和解决潜在的风险。

4. 个人卫生管理

食品安全员应强调员工个人卫生的重要性。员工应穿戴适当的工作服、工作帽，并保持洁净。定期洗手，避免交叉污染，是确保食品安全的重要一环。

5. 设备和设施维护

食品安全员应定期检查、清洁和维护设备和设施，确保其处于良好状态，避免污染食品。维护良好的生产环境是防止细菌和其他污染物滋生的关键。

6. 原料管理

食品安全员应对进货的原料进行检查和筛选，确保其符合卫生要求，避免引入污染。合格的原料是生产高质量食品的基础。

7. 食品储存和分隔

在储存食材和成品的时候，应采取适当的分隔和隔离措施，避免交叉污染。不同类型的食品应储存在不同的区域，防止交叉污染造成食品安全隐患。

8. 温度控制

需要监测和控制食品的储存和加工温度，确保食品在安全的温度范围内。低温可以防止细菌滋生，高温可以确保食品杀菌，从而保障食品的卫生安全。

9. 与监管部门合作

与食品安全监管部门保持紧密的沟通，遵循相关法规和标准。食品安全员应积极参与监管部门的检查和评估，确保卫生管理符合法律要求。

10. 持续改进

食品安全员应定期进行卫生管理的评估和审查，通过不断地改进和创新，可以及时发现问题并采取措施，提高卫生管理水平。

综上所述，食品安全员在卫生管理方面的方法是多方面的、综合性的，需要覆盖从原料到成品的各个环节。这些方法的有效实施可以确保食品加工和处理过程的卫生安全，保障消费者的健康和权益。通过合适的卫生管理，食品安全员能够为确保食品的高质量和安全性贡献重要力量。

学生活动

假如你是食品企业内审员，根据审核计划的安排，将要对采购的包装材料进行审核，请事先查找食品用纸包装、容器等制品产品分类、单元及品种，并填写表格。

食品用纸包装、容器等制品产品分类、单元及品种检查表

产品分类	产品单元	产品品种	备注
包装类	食品用纸包装		
容器类	食品用纸容器		

模块五 食品生产人员管理

学习目标

知识目标

1. 能够描述食品生产人员的卫生要求。
2. 能够叙述食品生产培训管理内容。
3. 能够列举食品从业人员健康管理制度。

技能目标

1. 能够帮助企业制定食品安全培训计划，并能够在实践中应用。
2. 能够对食品生产从业人员身体的异常状态采取有效的措施，避免食品安全事件的发生。

素养目标

1. 通过对生产过程的卫生控制，树立法制观念，养成遵规守矩的职业素养。
2. 通过食品生产人员健康管理制度应急预案的实施，树立安全责任意识和忧患防范意识。

情境导入

某药品生产企业招聘生产人员，直接接触药品的新进员工健康检查时被要求检验“乙肝”项目，即俗称的“两对半”。

思考：

直接接触食品生产的人员健康检查时检验“乙肝”项目是否合法？

知识导学

一、知识归纳思维导图

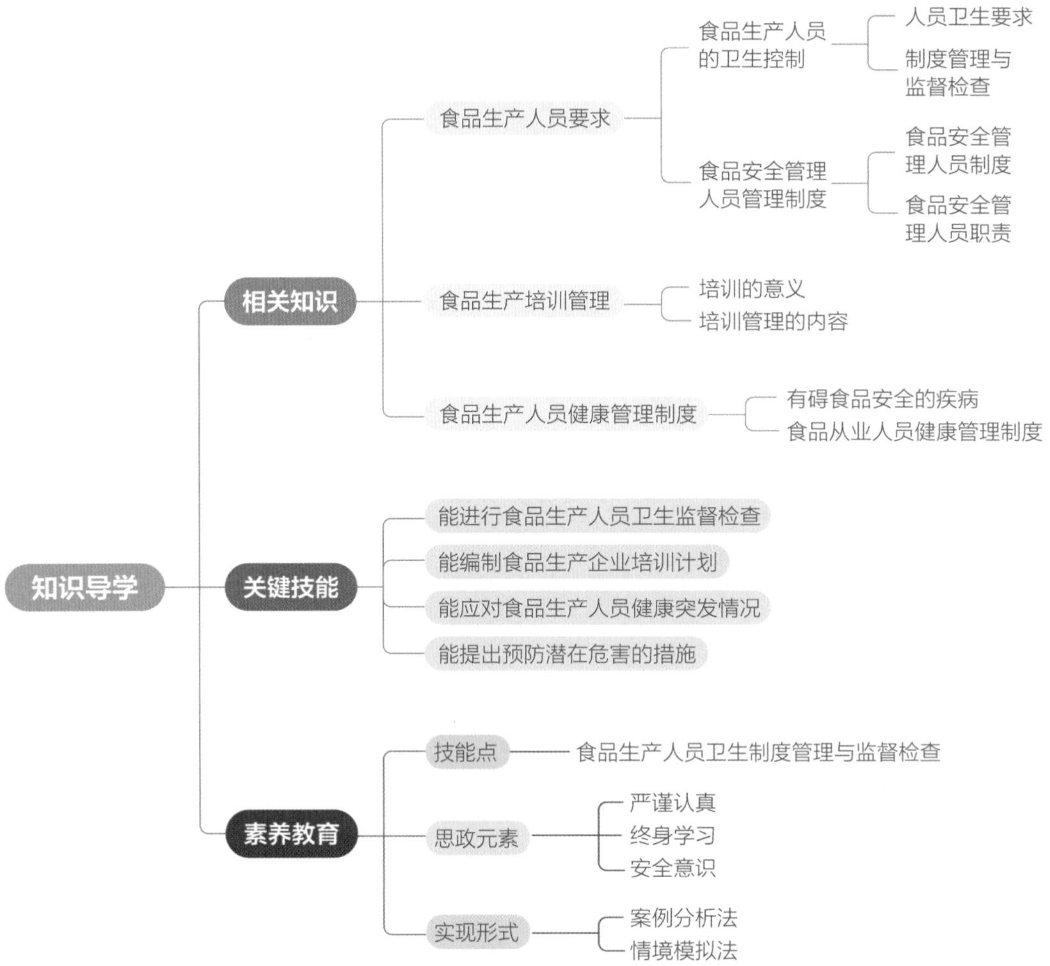

二、学习引导

资源链接：《中华人民共和国食品安全法》《中华人民共和国传染病防治法》等（见附录）。

食品生产人员管理学习课件

必备知识

一、食品生产人员要求

（一）食品生产人员的卫生控制

1. 人员卫生要求

（1）从事食品加工、检验的人员，应严格遵守卫生制度，定期进行健康检查，并取得健康证明，经相关卫生知识培训后方可上岗。

（2）开放性或活动性肺结核、传染性肝炎、流行性感冒、肠道传染病或带菌者，化脓性或渗出性皮肤病、疥疮及其他传染性疾病者，均不得直接参加食品的生产操作和销售。

（3）食品生产车间的操作人员，必须穿戴白色工作服和鞋、帽，进车间前必须洗手消毒，流程是：清水洗手→用皂液洗手→冲净皂液→必要时用含有效氯50mg/kg的消毒液浸泡30s→清水洗手→吹干。

（4）车间的入口处应设置消毒池，对鞋进行消毒后方可进入车间，不得穿工作服进厕所。

（5）工作服、工作帽要集中定期清洗，保持清洁。

（6）在车间内严禁吸烟、吃零食、随地吐痰和乱扔废弃物，禁止将与生产无关的个人物品带入车间。

（7）应注意个人卫生，做到勤洗手、勤换衣、勤剪指甲、勤理发，养成良好的个人卫生习惯。工作期间不化妆，不戴首饰。

（8）操作人员手部受到外伤，不得接触食品或原料，经过包扎治疗戴上防护手套后，可参加不直接接触食品的工作。

2. 制度管理与监督检查

企业应制定和执行《人员卫生管理制度》及相应的卫生检查制度，与个人卫生有关的规定或制度应包括个人卫生、洗手、更衣、工作服清洗、培训学习、卫生检查等方面的内容。工厂应设立专职卫生监督和检查人员，明确其职责和权限，每天检查员工的个人卫生，监督和检查员工是否按规定持续进行洗手消毒，是否遵守车间的卫生管理规定，对发现的问题应及时纠正，必要时采取相应措施，以保证车间及产品的卫生。

（二）食品安全管理人员管理制度

1. 食品安全管理人员制度

（1）加强对食品生产单位食品安全管理人员的管理，提高食品生产单位食品安全管理能力和水平。

（2）食品药品监督管理部门负责本行政区域内食品安全管理人员培训、考核等管理工作。食品安全管理人员每年应接受不少于40h的集中培训，完成培训后，应参加食品药品监督管理部门组织的考核，考核成绩合格的，由考核部门发放培训合格证明。

（3）食品药品监督管理部门建立食品安全管理人员培训档案，详细记录培训情况。培训档案建立和记录情况纳入食品生产单位食品安全信用档案管理。申请人申请《食品生产许可证》时，应提交食品安全管理人员有效培训合格证明。

2. 食品安全管理人员职责

（1）负责组织从业人员参加食品安全知识的学习培训，并做好培训档案建立工作。

（2）负责组织从业人员参加年度健康检查并做好健康档案建立工作，督促患有有碍食品安全的疾病的人员调整到其他不影响食品安全的工作岗位。

（3）制定本单位食品安全管理制度及岗位责任制度等，并对执行情况进行监督检查。

（4）负责检查生产过程的产品安全状况，并对检查中发现的不符合食品安全要求的行为及时制止和提出处理意见。

（5）负责受理投诉举报工作，对每起投诉举报要认真记录并配合监管部门调查处理。

（6）接受和配合食品药品监督管理部门对本单位的食品安全进行监督检查，并如实提供相关资料和情况。

（7）完成上级交给的与保证食品安全有关的其他管理工作。

（三）食品安全专业技术人员职责

食品安全专业技术人员是指：能够完成特定技术任务，已经掌握特定技术的专业基础理论和基本技能，可以从事该技术领域的基本工作的人员。其主要职责有以下几点。

（1）负责食品安全相关的各种法律、法规、条例、相关问答与解读以及食品安全标准的收集与更新，及时向总经理及食品安全管理人员进行宣贯。

（2）负责设计企业食品安全管理体系，制定保证企业食品安全的管理制度，设计切实可用的相关记录表格。

（3）负责制定产品生产工艺流程和操作指导书，设计合理的工艺参数，通过危害分析确定生产过程中的关键控制工序。

（4）明确对食品原辅材料、与产品接触材料（包括内包装材料、生产设备和工器具）和洗涤剂、消毒剂的采购要求，制定生产过程产品和终产品质量标准，确保产品质量安全。

（5）负责对公司原辅材料、包装材料、成品进行检验，对生产车间的环境控制等进行验证检验。

（6）定期组织企业的食品安全状况自查，发现问题时及时向总经理报告。

即问即答5-1

关于食品生产人员的卫生控制，以下哪项说法正确？（　　）

A. 需取得健康证明，经相关卫生知识培训后方可上岗

B. 进入车间的入口应设置消毒池，对鞋进行消毒

C. 工作服、工作帽要集中定期清洗

D. 工作期间不化妆，不戴首饰

二、食品生产培训管理

与食品生产、质量有关的所有人员都应当经过培训，培训的内容应当与岗位的要求相适应。除进行相关规范理论和实践的培训外，还应当有相关法规、相应岗位的职责、技能的培训，并定期评估培训的实际效果。食品生产企业应当指定部门或专人负责培训管理工作，应当有经生产管理负责人或质量管理负责人审核或批准的培训方案或计划，培训记录应当予以保存。

（一）培训的意义

在GMP（Good Manufacturing Practice of Medical Products，良好操作规范）的要素中，人员是关键，通过培训，提高企业的管理水平和员工的综合能力，提高企业的竞争力，能够使企业获得更大的发展和成功。

（二）培训管理的内容

食品生产企业应建立完善的培训体系，通过建立机构和制定相关规程对培训进行管理。各级人员都需按GMP要求进行培训和考核。

1. 培训计划

企业应制定培训规划和年度的培训计划，其中包括日期、培训内容和对象、人数、授课人、学时安排、考核形式及负责部门等。培训规划由企业质量管理体系确定实施，年度计划必须由企业主管负责人审批，发至有关部门实施。

2. 培训方案

企业应根据培训规划和培训项目，制定培训方案。培训方案应按培训对象的不同要求分别制定。其内容包括培训日期、名称、内容、学时安排、培训人数、授课人、考核形式及负责部门等，培训方案必须由企业生产管理负责人或质量管理负责人审批。

3. 培训对象与内容

对于食品生产企业各岗位人员的培训，主要包括GMP、食品管理法律法规、岗位操作技能方面的培训。

4. 培训方式

可采用选派外出培训和内部培训方式，企业可选派有关人员参加政府、高校等主办的各类培训班、进修班和研讨班，使他们成为企业骨干。企业内部培训可采用多种形式，针对本企业实施GMP的现状、管理要求、专业技术以及新工艺、新设备和新材料等，对员工实施培训。

5. 培训师资

企业应培养适合本企业生产和管理特性的培训师资人员。培训人员可由生产技术骨干和质量管理技术骨干担任，也可外聘有关专家。

6. 培训结果评价与考核

企业各岗位人员培训后须进行考核。考核形式可采用笔试、实践操作和工作绩效考核。

7. 培训档案

培训档案包括年度培训档案和个人培训档案。年度培训档案包括培训计划、培训签到表、培训记录表、培训教材、培训成绩汇总表等，培训完成结束后，应及时归档。

即问即答5-2

食品生产企业培训的对象与内容包括（　　）。

A. GMP　　B. 食品管理法律法规

C. 岗位操作技能　　D. 食品安全知识与卫生

三、食品生产人员健康管理制度

健康管理制度是有关食品生产经营从业人员健康要求、禁止事项、健康年检、法律责任等方面的制度总称。食品生产经营者建立并执行从业人员健康管理制度，主要是为了防止食品生产经营从业人员因其所患疾病污染食品，从而成为食源性疾病，特别是肠道传染疾病的媒介。如果从业人员患有传染病或者是带菌者，就容易通过污染食品造成传染病传播和流行，对消费者的身体健康造成威胁。建立并执行从业人员健康管理制度的目的是防止食品生产经营从业人员因其所患疾病或不卫生的行为污染食品，保证食品安全。

（一）有碍食品安全的疾病

根据《中华人民共和国食品安全法》《中华人民共和国传染病防治法》规定，为规范接触直接入口食品工作的从业人员的健康管理，国务院卫生部门规定不得从事接触直接入口食品工作的特殊性疾病的范围有以下几点。

（1）霍乱。

（2）细菌性和阿米巴性痢疾。

（3）伤寒和副伤寒。

（4）病毒性肝炎（甲型、戊型）。

（5）活动性肺结核。

（6）化脓性或者渗出性皮肤病。

思政园地

“伤寒玛丽”是美国发现的第一位无症状伤寒杆菌携带者。她曾经在厨房里做厨师，虽然身体健康却携带伤寒杆菌，相继传染多人，最终被隔离在传染病房。这个悲剧暴露了“超级传播者”对疫情传播的影响，提醒并教育感染人员做好自身防护，避免影响他人。

（二）食品从业人员健康管理制度

（1）根据《中华人民共和国食品安全法》第三十四条规定，食品生产经营人员应每年进行一次健康检查，取得健康证后方可参与食品生产经营工作。不得超期使用健康证明，且不得涂改，过期、笔迹不清者无效。

（2）新参加工作的食品生产从业人员、实习工、实习学生必须取得健康证明后才可上岗，杜绝先上岗后进行健康检查的事件发生。

（3）凡患有痢疾、伤寒、病毒性肝炎等消化道传染病以及患有活动性肺结核、化脓性或者渗出性皮肤病等或其他有碍食品安全的疾病的人员，不得在企业从事食品生产工作。

（4）当观察到从业人员有以下症状时，应采取暂时停止上岗从事食品生产或采取特殊的防护措施：①腹泻；②手外伤；③烫伤；④皮肤湿疹；⑤疖子；⑥咽喉疼痛；⑦耳、眼、鼻溢液；⑧发热；⑨呕吐。员工患病康复后要求上岗，必须到指定医院进行体检，合格后方可上岗。

（5）发现有传染病的员工后，与其有关的人员必须立即进行体检，并且在潜伏期后再次体检，防止人员带菌或传染病蔓延。

（6）员工健康异常报告程序

①所有员工均有义务，并且必须及时向直接负责人报告自己的身体变化情况，特别是当健康标准中不允许患有的疾病发生时，必须立即报告。

②各有关管理人员接到人员健康异常报告后，必须及时向主管部门报告，以便立即采取有效措施，防止造成食品污染和其他人员的感染。

③健康异常情况处理如下。

a. 患病职工应立即停止工作，调离岗位，回家休息。

b. 有传染病发生的岗位，凡与其有关可能感染的人均应进行体检。

c. 对产生传染病患者的岗位环境、设备、设施、用具等立即进行消毒。并且对人员、环境、设备、设施、用具等进行特殊强化的监控，以便有效防止传染病蔓延。

（7）健康档案管理

①公司企管部应对每个员工建立《个人健康档案》，并对员工的体检情况进行汇总，建立《员工体检汇总表》。

②《个人健康档案》必须登记如下事项：姓名、性别、职务、岗位、出生日期、体检时间、体检单位、健康状况、编号、备注等。

③《员工体检汇总表》的内容有：时间、个人健康档案编号、姓名、性别、年龄、岗位、健康状况、备注等。

即问即答5-3

以下属于有碍食品安全的疾病有（　　）。

A. 霍乱　　B. 伤寒

C. 活动性肺结核　　D. 化脓性或渗出性皮肤病

学生活动

假如你是一名食品安全管理人员，请撰写一个企业长期（五年）培训计划，计划包括培训方案、培训对象、培训方式、培训师资、培训结果评价与考核、培训档案管理等环节。

模块六 食品原料管理

项目一 食品原料的采购与验收

学习目标

知识目标

1. 熟知《中华人民共和国食品安全法》中食品原料采购、验收相关规定。
2. 能根据对《中华人民共和国食品安全法》的认识，区分食品生产者和食品生产企业对原料采购的要求。

技能目标

1. 能正确地进行原料采购、验收和投料控制。
2. 能根据《中华人民共和国食品安全法》中原料采购及验收控制要求，编制食品原料采购验收记录表。
3. 通过角色扮演，以投料人的角色正确填写投料记录表。

素养目标

1. 能严格遵守《实验现场7S管理规范》。
2. 通过案例分析，明确食品人的质量把关责任和食品安全意识。
3. 具有社会主义核心价值观，形成认真负责的工作态度，弘扬精益求精的工匠精神。

情境导入

据信用中国网站显示，无锡某餐饮管理有限公司虹桥南路店因使用过期原料制作奶茶，于2023年3月30日被江阴市市场监督管理局罚款1万元、没收违法所得1210.65元及过期原料。处罚事由为，江阴市市场监督管理局对该店现场检查时，在食品处理区货架上发现1袋已开封使用的“***可可味蛋白固体饮料”，店长吴某自述上述食品原料是用来制作“***可可”奶茶的，该店电脑后台销售记录显示，上述食品原料过期后仍在被用来制作奶茶。

思考：

本案例中对涉案公司的处罚依据是《中华人民共和国食品安全法》的哪条规定？

知识导学

一、知识归纳思维导图

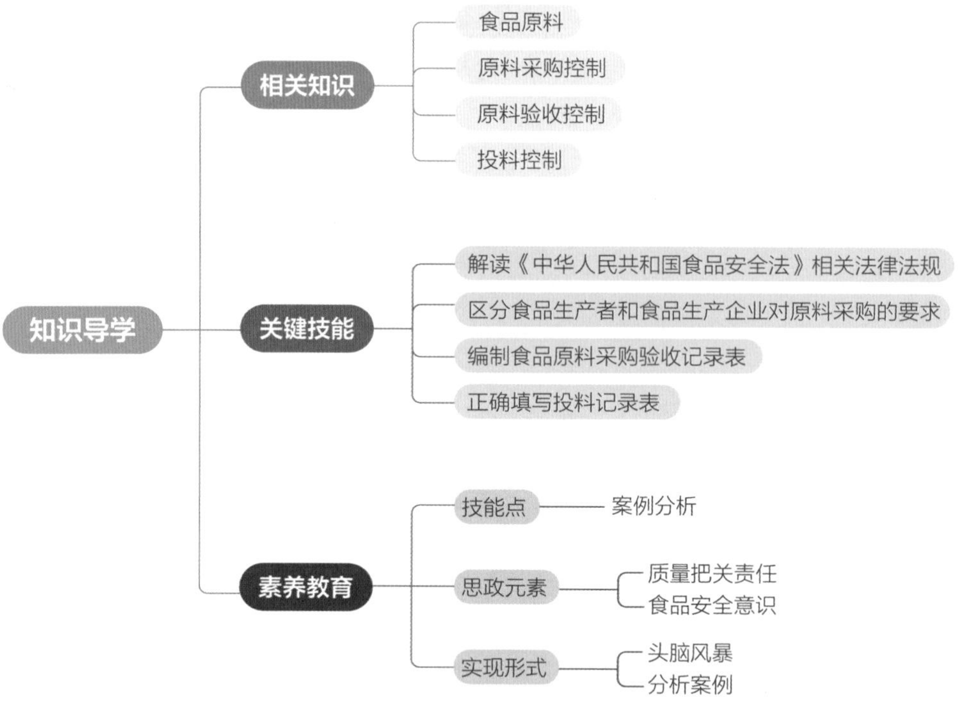

二、学习引导

资源链接：《中华人民共和国食品安全法》《CNAS 实验室认可规范文件清单》等（见附录）。

食品原料的采购与验收学习课件

必备知识

思政园地

《中华人民共和国食品安全法》第四十六条规定，食品生产企业应当就下列事项制定并实施控制要求，保证所生产的食品符合食品安全标准：原料采购、原料验收、投料等原料控制；生产工序、设备、储存、包装等生产关键环节控制；

原料检验、半成品检验、成品出厂检验等检验控制；运输和交付控制。

《中华人民共和国食品安全法》第五十条规定，食品生产者采购食品原料、食品添加剂、食品相关产品，应当查验供货者的许可证和产品合格证明；对无法提供合格证明的食品原料，应当按照食品安全标准进行检验；不得采购或者使用不符合食品安全标准的食品原料、食品添加剂、食品相关产品。

食品生产企业应当建立食品原料、食品添加剂、食品相关产品进货查验记录制度，如实记录食品原料、食品添加剂、食品相关产品的名称、规格、数量、生产日期或者生产批号、保质期、进货日期以及供货者名称、地址、联系方式等内容，并保存相关凭证。记录和凭证保存期限不得少于产品保质期满后六个月；没有明确保质期的，保存期限不得少于二年。

一、食品原料

食品原料是食品生产流通链条的源头，食品原料的采购和验收应按照《中华人民共和国食品安全法》第五十条的规定，做好进货查验、产品检验、进货记录等工作。

食品添加剂是为改善食品品质和色、香、味以及为防腐、保鲜和加工工艺的需要而加入食品中的人工合成或者天然物质，包括营养强化剂。

食品相关产品包括以下几种。

（1）用于食品的包装材料和容器，指包装、盛放食品或者食品添加剂用的纸、竹、金属、搪瓷、陶瓷、塑料、橡胶、天然纤维、化学纤维、玻璃等制品和直接接触食品或者食品添加剂的涂料。

（2）用于生产经营的工具、设备，指在食品或食品添加剂生产、销售、使用过程中直接接触食品或者食品添加剂的机械、管道、传送带、容器、用具、餐具等。

（3）用于食品的洗涤剂、消毒剂，指直接用于洗涤或者消毒食品、餐饮具以及直接接触食品的工具、设备或者食品包装材料和容器的物质。

即问即答6-1

以下不属于《食品生产许可证》的办证范围的是（　　）。

A. 企业法人　　B. 合伙企业

C. 农民专业合作经济组织　　D. 个人独资企业

E. 个体工商户　　F. 食品小作坊

二、原料采购控制

有效管理食品原料、食品添加剂和食品相关产品等物料的采购和使用，确保物料合格是保证最终食品产品安全的先决条件。食品生产者应根据国家法规标准的要求采购原料，根据企业自身的监控重点采取适当措施保证物料合格。

查验食品原辅料、食品添加剂、食品相关产品供货者的许可证、产品合格证明文件，供货者无法提供有效合格证明文件的食品原料，需有检验记录。

三、原料验收控制

在原料验收控制方面，应现场查验物料供应企业是否具有生产合格物料的能力，包括硬件条件和管理。应查验供货者的许可证和物料合格证明文件，如企业生产许可证、动物检疫合格证明、进口卫生证书等，并对物料进行验收审核。一般有以下几种情况的要求。

（1）国内采购的食品原料、食品添加剂及食品添加剂生产原料，应当查验供货者的许可证和产品合格证明文件。

（2）供货者名称与原料产品标签生产商信息一致，相关证照在有效期内；产品合格证明文件与所购原料批次一致。

（3）合格证明文件应包括批检、型式检验等，批检必须一一对应，型式检验频次和要求按照相应的产品标准要求实施。

（4）进口的食品、食品添加剂生产用原辅材料及包装材料，应当查验检验检疫部门出具的对应批次的有效检验检疫证明。

（5）从流通经营单位（超市、批发零售市场等）批量或长期采购时，应当查验并留存加盖有公章的营业执照和食品流通许可证等复印件；少量或临时采购时，应确认其资质并留存盖有供货方公章（或签字）的每笔购物凭证或每笔送货单。

（6）从农贸市场采购的，应当索取并留存市场管理部门或经营户出具的加盖公章（或签字）的购物凭证；从个体工商户采购的，应当查验并留存供应者盖章（或签字）的许可证、营业执照或复印件、购物凭证和每笔供应清单。

（7）从超市采购畜禽肉类的，应留存盖有供货方公章（或签字）的每笔购物凭证或每笔送货单；从批发零售市场、农贸市场等采购畜禽肉类的，应索取并留存动物产品检疫合格证明以及盖有供货方公章（或签字）的每笔购物凭证或每笔送货单；从屠宰企业直接采购的，应当索取并留存供货方盖章（或签字）的许可证、营业执照复印件和动物产品检疫合格证明。

即问即答6-2

动物检疫证明的填写要求有（　　）。

A. 检疫员必须签名　　B. 检疫员要加盖公章

C. 出证明时间用小写　　D. 检疫员有权涂改检疫报告

四、投料的控制

1. 分类存放

在投料前确保所需物料是依照其特性分类存放，特别是对温度、湿度等有要求的物料。

2. 注意事项

（1）超过保质期的物料不得用于生产。食用农产品使用的原料应符合相应的标准和（或）相关法规的要求，不得将任何危害人体健康的非食用物质（如表6-1所示）添加到食品中。

（2）在我国无食用习惯的动物、植物、微生物及其提取物或特定部位，不在《既是食品又是药品的物品名单》和中华人民共和国国家卫生健康委员会公布的新资源食品目录中，应当先经过卫生部门批准后方可使用。

思政园地

《中华人民共和国食品安全法》第三十七条规定：利用新的食品原料生产食品，或者生产食品添加剂新品种、食品相关产品新品种，应当向国务院卫生行政部门提交相关产品的安全性评估材料。国务院卫生行政部门应当自收到申请之日起六十日内组织审查；对符合食品安全要求的，准予许可并公布；对不符合食品安全要求的，不予许可并书面说明理由。

表6-1　食品中可能违法添加的非食用物质名单（部分）

序号	名称	可能添加的主要食品类别	检测方法
1	吊白块	腐竹、粉丝、面粉、竹笋	GB/T 21126—2007《小麦粉与大米粉及其制品中甲醛次硫酸氢钠含量的测定》；卫生部（现卫健委）《关于印发面粉、油脂中过氧化苯甲酰测定等检验方法的通知》（卫监发[2001]159号）
2	苏丹红	辣椒粉、含辣椒类的食品（辣椒酱、辣味调味品）	GB/T 19681—2005《食品中苏丹红染料的检测方法　高效液相色谱法》
3	王金黄、块黄	腐皮	—

续表

序号	名称	可能添加的主要食品类别	检测方法
4	蛋白精、三聚氰胺	乳及乳制品	GB/T 22388—2008《原料乳与乳制品中三聚氰胺检测方法》 GB/T 22400—2008《原料乳中三聚氰胺快速检测　液相色谱法》
5	硼酸与硼砂	腐竹、肉丸、凉粉、凉皮、面条、饺子皮	—
6	硫氰酸钠	乳及乳制品	—

3. 投料记录

建立和保存生产投料记录，包括投料种类、品名、生产日期或批号、使用数量等，投料记录表如表6-2所示。在食品的生产过程中使用的食品添加剂和食品相关产品应符合GB 2760—2014《食品安全国家标准　食品添加剂使用标准》、GB 9685—2016《食品安全国家标准　食品接触材料及制品用添加剂使用标准》等相关标准、法规的要求。

表6-2　投料记录表

投料日期	生产产品名称	投入原辅料名称	投入原辅料数量	原辅料生产日期或批号	原辅料生产企业名称	投料人姓名	审核人签名	备注

■学生活动

1．假如你是某面包厂的一名食品安全员，请你规范编制一份食品原料采购验收记录表。编制依据:《中华人民共和国食品安全法》第五十条。

2．根据《中华人民共和国食品安全法》，请分析下面案例违反了其中的哪条规定？对你有何启示？

2020年9月，莆田市市场监督管理局委托福建赛福食品检测研究所有限公司，对荔城区某餐饮店的生湿面进行监督抽检。经抽样检验，发现该餐饮店采购的食品原料生湿面不符合食品安全标准的要求，市场监督管理局予以立案调查。经查，当事人因经营需要，共购进5kg食品原料生湿面，2kg由抽检机构做检测，剩余3kg加工成卤面并全部销售完，当事人采购不合格食品生湿面货值25元，违法所得92元，且采购食品时未查验供货者许可证和合格证明，并未按规定建立进货查验记录。莆田市市场监督管理局依法责令当事人改正违法行为，没收违法所得，并处罚款5000元。

项目二　食品原料的储存

学习目标

知识目标

1. 能根据食品原料的性质，正确选择原料储存方法，填入表格。
2. 能区分不同食品原料储存要求，找出干料储存、冷藏储存和冷冻储存的不同点。

技能目标

1. 能根据食品原料的性质，正确进行食品原料的储存。
2. 能以食品安全员的身份，正确绘制食品原料储存流程图。

素养目标

1. 通过学习食品原料储存，认识到食品原料储存的重要性，强化安全意识。
2. 通过学习食品原料储存流程，能严格遵守管理制度，具有责任意识。

情境导入

某电商在生鲜冷链领域占有很重要地位，近期该电商对其冷链仓进行介绍。首先是控温区，常年保持在10～15℃，刚入仓的水果、蔬菜都会被进行检测、分拣和称重，最大程度地保证了产品的品质。之后是冷藏区，温度控制在0～4℃，主要用于水果、蔬菜、肉类产品的储存。然后是-18℃的冷冻区以及-22℃以下的深冷区。深冷区主要是储存进口鱼虾、牛肉等高端生鲜产品。

在商品分拣打包出库后，工作人员将进行打包。为了保持商品的新鲜度，一般情况下都会使用可回收的保温箱，或者含有泡沫和干冰的箱子，随后配送到各个站点。此外，还有快检实验室，可以快速完成农药、甲醛指标等检测，目的是把控生鲜品质，不合格的产品一律不准入库。

思考：

食品的原料应该如何储存？不同的原料的储存要求有什么不同？

知识导学

一、知识归纳思维导图

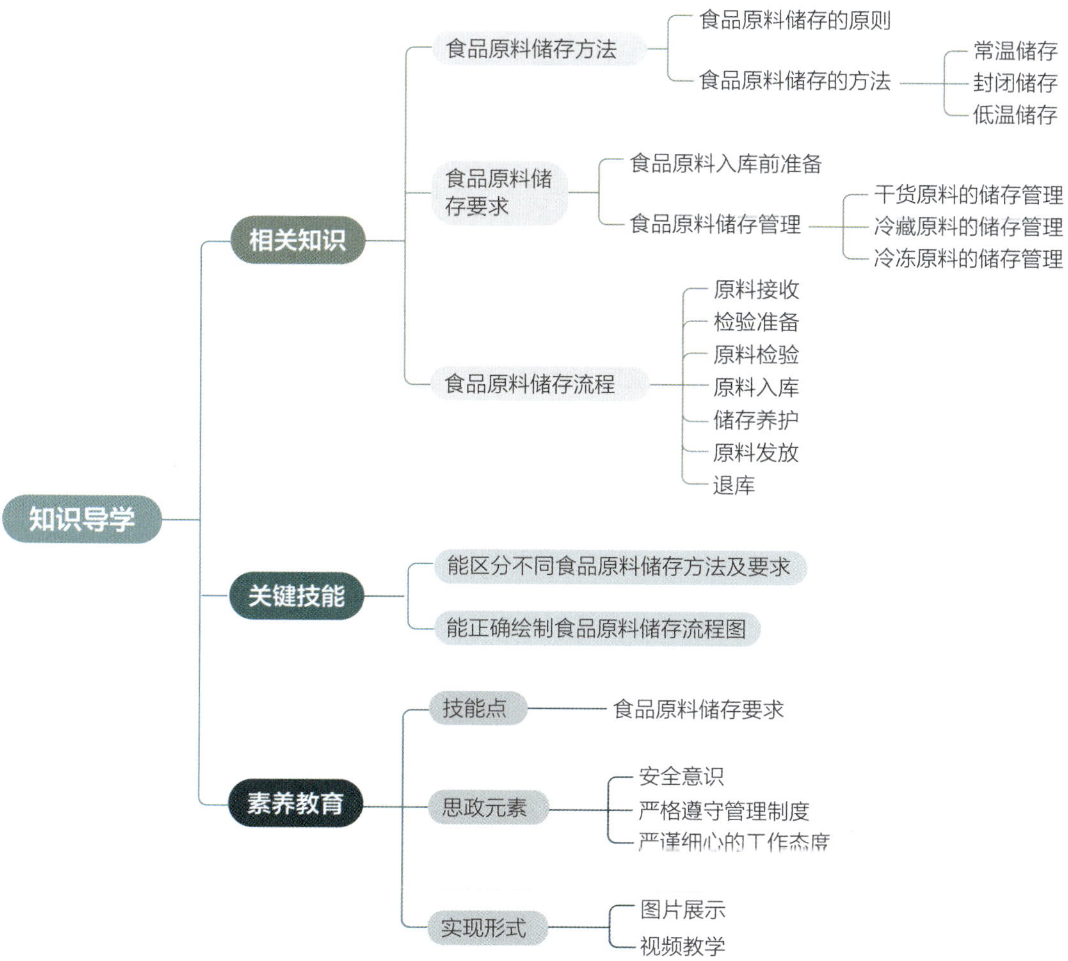

二、学习引导

资源链接：《中华人民共和国食品安全法》、GB/T 24616—2019《冷藏、冷冻食品物流包装、标志、运输和储存》等（见附录）。

食品原料的储存学习课件

必备知识

一、食品原料储存方法

（一）食品原料储存的原则

原料的储存要保证安全储存、降低损耗、科学养护、质量稳定、收发迅速、避免事故。储存时必须防止微生物二次污染与化学劣变，保证原料的质量，避免发生污染、混淆和差错。

（二）食品原料储存的方法

（1）常温储存　主要用于储存不易腐败、变质、有包装物的食品原料。

（2）封闭储存　主要用于储存有挥发性气味的食品原料。

（3）低温储存　主要用于储存易腐败变质的食品原料。

即问即答6-3

给下列食品原料选择合适的储存方法，填入表格。

食品原料：花椒、面粉、大豆、猪肉、盐、菠菜、大米、水蜜桃、八角、鸡蛋、牛奶。

储存方法	食品原料
常温储存	
低温储存	
封闭储存	

思政园地

食品原料储存是保证食品安全的重要一环。在工作中要严谨细致，严格遵守企业管理制度，具有安全意识。

二、食品原料储存要求

（一）食品原料入库前准备

仓库管理人员应当制定有效的防火、防盗、防潮、防虫害等的管理措施。原料入库前必须将仓库清理干净，进行消毒，建立出入库食品登记制度。

（二）食品原料储存管理

根据原料的状态，食品原料可以分为干货原料、冷藏原料和冷冻原料。常见食品储存温度和相对湿度参数见表6-3。干货原料如各种罐头食品、干果、粮食、香料及一些干性食品原料。冷藏原料如蔬菜、水果、鸡蛋、黄油及需要保鲜及当天使用的畜肉、禽肉和水产品等。冷冻原料如近期使用的畜肉、禽肉、水产品和其他需要冷冻储存的食品原料。

1. 干货原料的储存管理

（1）干货原料宜储存在阴凉、干燥、通风处。为避免原料受到微生物污染，便于空气流通，不可将原料直接放置于地面或放在靠近污水管或水沟旁，而应放置在至少离地面约25cm，离墙壁约5cm的区域。

（2）按照各种干货原料的不同属性对原料进行合理分类并存放在固定位置，也可以依据各种原料的使用频繁程度存放，如使用频繁的物品存放在靠近出入口的货架底层，带有包装的、较重的物品放置在货架底层。

（3）干货库的温度保持在10～30℃，湿度保持在50%～70%，以保持食品的营养、味道和质地。

（4）干货食品要包装严密，已启封的食品要储存在密封容器中，定期清洁储存仓库，保持洁净卫生，不留卫生死角，防止虫鼠滋生。

（5）将有毒性的物品，如杀虫剂、肥皂、清洁剂等与原料分开存放。

（6）仓储区内的原辅料应当有适当的标识，并至少标明下述内容。

①指定的原料名称和企业内部的原料代码。

②企业接收时设定的批号。

③原料质量状态（如待验、合格、不合格、已取样）。

（7）进货时，要严格记录原料的进货时间，出清存货以“先进先出”为原则。

2. 冷藏原料的储存管理

冷藏储存是将冷库或冰箱温度控制在-1～8℃，使储存的原料冷却而不冻结，目的是抑制微生物繁殖，维持原料质量，延长保存期。食品原料的冷藏管理主要包括以下六个方面。

（1）冷藏温度　不同的食品原料有不同的冷藏温度，要经常检查冷藏库温度。如新鲜水果、蔬菜保持在7℃，奶制品、畜肉应保持在4℃，鱼类及各种海鲜应保持在-1℃。冷藏设备的底部、靠近制冷设备处及货架底层是温度最低的地方，这些位置适于存放奶制品、肉类、禽类、水产类食品原料。

（2）冷藏湿度　保持冷藏库通风，将湿度控制在80%～90%范围内。

（3）空气循环　冷藏室内应保持冷空气循环，原料放置留有一定的空隙，不应紧靠墙壁或直接接触地面。

（4）储存方式　生、熟原料要用洁净卫生的容器包装后分开储存，将熟食品快速冷却后放在干净、有标记、带盖的容器内。将气味浓的食品原料单独存放。不要接触水和冰。

（5）卫生要求　溅出的污渍应立即擦洗干净。经常打扫冷藏箱和冷藏设备，对冷库中货架及其他容器应定期移出清洗并消毒。经常保养和检修冷藏设备。

（6）定期检查　入库前原料应进行仔细检查，验收后立即入库。每日记录水果和蔬菜的损失情况。标明各种货物的进货日期，按进货日期的顺序发料，遵循“先入库先使用”的原则。非工作时间应锁门。

3. 冷冻原料的储存管理

冷冻法是采用低温冻结保藏食品的方法，一般将生鲜或经过处理的食品在冻结装置中使水分大部分冻结，然后在-18℃或更低的温度下保藏。这种方法可以使食品在数月至一年以上的时间内保持良好的鲜度和品质。冷冻原料的储存管理主要包括以下几点。

（1）冷冻温度　食品原料储存应低于-18℃，经常检查冷冻库的温度。原料冷冻的速度越快越好，因为快速冷冻之下，食物内部的冰结晶颗粒细小，不易损坏结构组织。

（2）冷冻时间　任何食品原料都不可能无限期地储存，其营养成分、香味、质地、色泽都将随着时间逐渐流失和降低，冰库的温度每升高4℃，冷冻食物的保存期限就会缩短一半，所以食物的冷冻要注意安全的保存时间。

（3）冷冻方式　在各种食品容器上加盖子，用保鲜纸将食物包裹好。冷冻食品特别是肉类、鱼类、禽类，应用抗挥发性材料进行包装，以防止干耗。已解冻或部分解冻的食品原料不可重新冷冻。冷冻食物解冻时也要注意适当方法。

（4）冷冻设备　非工作时间应锁门，密封冷冻库，减少冷气损失，必要时应进行除霜以避免累积厚霜。根据需要设置备用的冷冻设备。经常保养和检修冷冻库。

（5）卫生要求　保持食品原料、冷冻设备和地面卫生。

（6）定期检查　标明各种货物的进货日期，按进货日期的顺序发料，遵循“先入库先使用”的原则。

表6-3　常见食品储存温度和相对湿度参数表

类别	名称	温度/℃	相对湿度/%	预计储存期限
冷冻肉、禽、蛋类、乳	冻猪肉	-12	95～100	3～5个月
		-18	95～100	8～10个月
		-20	95～100	10～12个月
	冻猪分隔肉（包装）	-18	95～100	10～12个月
		-12	95～100	6～10个月

续表

类别	名称	温度/℃	相对湿度/%	预计储存期限
冷冻肉、禽、蛋类、乳	冻牛肉	−18	95～100	10～12个月
		−20	95～100	12～14个月
	冻肉馅（包装未加盐）	−18	95～100	6～8个月
	冻副产品	−18	95～100	5～8个月
	冻猪肉（不包装）	−18	95～100	4～5个月
	冻猪肉（包装）	−18	95～100	9～12个月
		−12	95～100	3～4个月
	冻家禽（包装）	−18	95～100	6～10个月
	冻家兔	−18	95～100	5～8个月
	鲜蛋	−2～1	85～88	6～8个月
	鲜蛋	2～5	<70	1.5～2个月
	奶制品	1～2	70～75	1～2个月
冷冻水产类	肥鱼：鲤鱼、沙丁鱼等	−25～−18	95～100	6～10个月
	中肥鱼：鲇鱼等	−25～−18	95～100	6～11个月
	瘦鱼：比目鱼、黄花鱼等	−25～−18	95～100	8～12个月
	虾类	−25～−18	95～100	10～14个月
	蛏、贝、蛤	−25～−18	95～100	6～10个月
冷冻水果、蔬菜类	冷冻水果、蔬菜类	−25～−18	95～100	6～10个月
	杏（加糖）	−25～−18	95～100	12个月
	青豌豆、青扁豆、花椰菜、胡萝卜、菠菜等	−18	95～100	12个月
	蘑菇	−18	95～100	8～10个月
	黄瓜片	−18	85～100	5个月
	酸浆果（加糖）	−18	95～100	12个月
	甜浆果（加糖）	−18	95～100	8～10个月
	桃（加糖）	−18	95～100	8～10个月
	桃（加糖和维生素C）	−18	95～100	12个月
	覆盆子（加糖）	−18	95～100	18个月
	杨梅（加糖）	−18	95～100	12个月
蔬菜、水果保鲜	苹果	−2～2	85～90	6～8个月
	椰子	0	80～85	1～2个月
	葡萄	−1～0	80～90	1～2个月
	荔枝	0	90	5～6周
	芒果	10	90	2～5周

续表

类别	名称	温度/℃	相对湿度/%	预计储存期限
蔬菜、水果保鲜	甜瓜	4～10	85～90	1周
	核桃	10	70	12个月
	西瓜	2～4	70～85	2～3周
	木瓜	10	90	2～3个月
	桃子	-1～1	85～90	1～4周
	菠萝（青的）	10	90	2～4周
	菠萝（熟的）	7	90	2～4周
	樱桃	0	85～90	1～5周
	柑	4～7	85～90	3～6个月
	橙	4～6	85	6个月
	梨	4～6	85～90	6～8个月
	马铃薯	3～6	85～90	6～8个月
	马铃薯（晚期）	4.5～10	85～90	4～8个月
	韭菜	0	90～95	1～3周
	莴苣	0	90～95	1～3周
	洋葱	-3～0	70～75	6个月
	青豌豆	0	80～90	7～12天
	菠菜	0～1	90	10～14天
	番茄（生）	11.5～13	85～90	3～5周
	番茄（熟）	0	85～90	1～3周
	茄子	7～10	85～90	10天
	大蒜	-1.5～0	70～75	6～8个月
	芹菜	0	90～95	1～3个月
	黄瓜	1～1.5	85～90	1～2周
	花椰菜	0	85～90	2～3周
	蘑菇	0	85～90	5天
	种子	2～7	85～90	5～8个月

即问即答6-4

进货时，要严格记录原料的进货时间，出清存货以（　　）为原则。

A. 先进先出　　B. 先进后出

C. 后进先出　　D. 后进后出

三、食品原料储存流程

（一）原料接收

原料运送到仓库后，验收员要按照规定程序验收。按“审查文件凭证→外观检查→核对信息（包括产品名称、规格、生产批号、产品数量、生产厂家名称、到货数量、包装是否损坏、原料是否污染等），不符合要求的应拒收→填写到货记录和入库记录”的顺序验收。

（二）检验准备

进厂原料在仓库先统一编号，将已编号的原料按储存管理要求存放于隔离区，并放置黄色围栏警示，贴上待验标志，管理人员及时申请检验。

（三）原料检验

提交检验申请到质量控制实验室，由质量控制实验室派经授权的专业抽样人员到仓库按照规程进行取样，并填写取样记录。

经检验合格的样品，由质量控制实验室出具检验报告单并上报给质量管理部门或授权人审核，批准放行使用，仓储部门根据检验合格报告和放行报告按照货物件数发放绿色合格证。

（四）原料入库

根据质量管理部门的放行报告，仓储部门将合格原料移送到合格品区，并将待检标签换为绿色的“合格证”。不合格的原料移送到不合格区，贴上红色“不合格”标识，并按规定通知有关部门及时处理。

（五）储存养护

储存在库的原料要严格执行储存管理要求，将原料储存实行定置管理，按照产品种类、批号、规格分开存放，并配有货位平面图。原料的摆放与墙、地以及货物间都要有一定的距离，货物卡及其标识应明显。仓库中的其他工具及设施设备应定置摆放，并根据原料储存条件设置温度、湿度并做好记录。

具体要求见食品原料储存要求。

（六）原料发放

为保证发放的原料数量准确、质量良好，由工作人员根据经批准的批生产指令和包装指令单对即将进入生产过程的原料进行出库前的检查核对。核对完成后原料应根据其性质有序分批储存、周转、发放及发运。原料应根据指令发放、按批号发料、根据先进先出和近有效期先出的原则进行发放。

（七）退库

生产结束后，结余原料必须按照要求及时退库。

学生活动

1. 根据食品原料的储存要求，区分干料储存、冷藏储存、冷冻储存的异同点，并填入下表。

	干料储存	冷藏储存	冷冻储存
温度			
时间			
方式			
设备			
卫生			
定期检查			

2. 现在大型超市购入一批新鲜水果，假如你是食品安全员，需对这批水果进行验收，请参考下图绘制食品原料储存流程图。

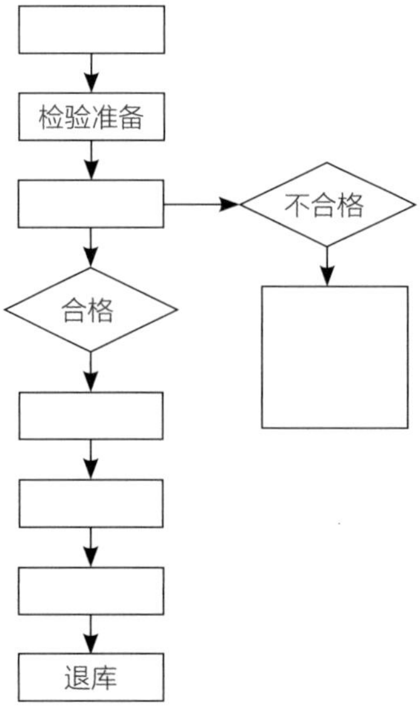

项目三　食品原料的运输

学习目标

知识目标	1. 了解食品原料的运输方式，能区分不同运输方式的优缺点。 2. 能总结运输中影响食品原料质量与安全的主要因素。 3. 熟知食品原料运输要求，能归纳装车、运送、卸货时的操作要点。
技能目标	1. 能根据食品原料的状态，判断运输中影响食品原料质量与安全的主要因素。 2. 能独自正确绘制食品原料运输流程图。 3. 能以食品安全员的身份，正确编制食品原料运输检查表。
素养目标	1. 通过分析运输中影响食品原料质量安全的因素，增强分析问题解决问题的能力。 2. 通过学习食品运输要求，提高对科技提升运输能力的认识，树立科技创新精神。

情境导入

如今的信息时代，网购成为新一代的消费模式，依托于现代物流行业的快速发展，越来越多的企业通过线上的模式直接销售生鲜类产品，但是相对于工业品类配送损耗率不到1%，生鲜类产品的加工、储存、配送等环节都有损耗，其配送损耗率高达10%～20%，使生鲜配送成本更高。

思考：

生鲜类产品运输成本高的原因有哪些？

知识导学

一、知识归纳思维导图

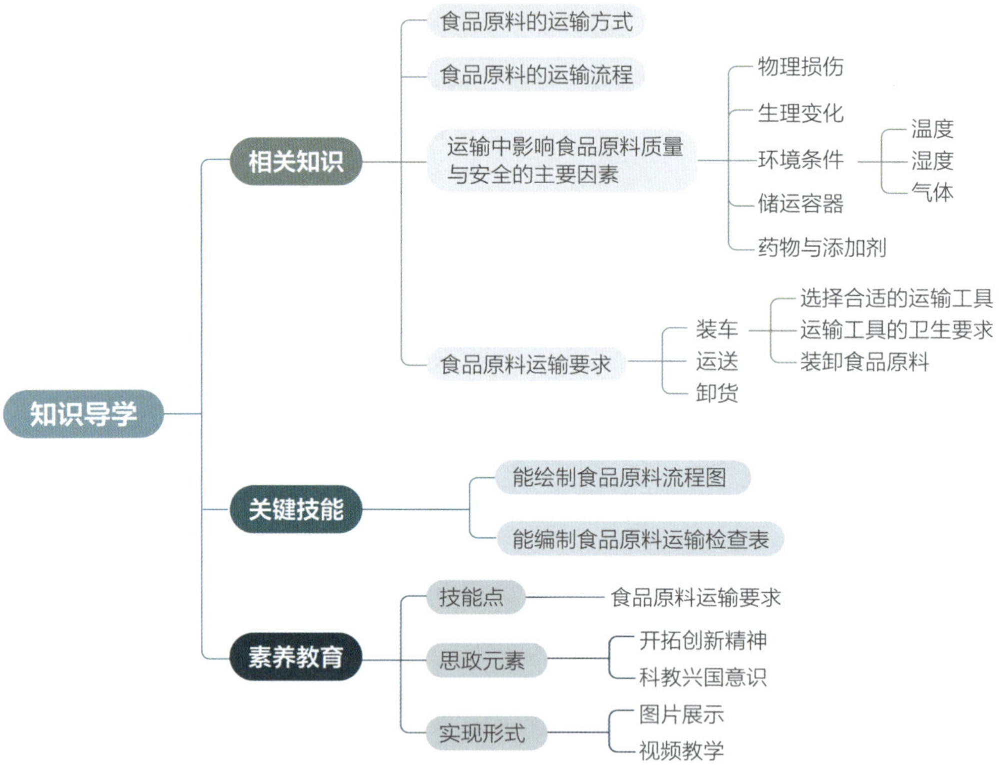

二、学习引导

资源链接：《中华人民共和国食品安全法》、GB/T 24616—2019《冷藏、冷冻食品物流包装、标志、运输和储存》等（见附录）。

食品原料的运输学习课件

必备知识

一、食品原料的运输方式

食品安全性不仅受到其原料的生产和采购的影响，同时还受到储存、运输条件的影响，特别是在冷藏食品原料的储运过程中，食品的冷藏运输及食品安全管理尤为重要。食品原料的运输方式主要包括公路、铁路、航空、水路运输等，也可以包含多种运输方式组成的综合运输。各种运输方式的比较见表6–4。

表6-4　各种运输方式的比较

运输方式	优点	缺点
公路运输	点到点的直达运输；运输成本低；衔接性能强；运输灵活；适合短距离运输	运量小；货损大；能耗大，污染严重
铁路运输	受自然限制少；运量大；远距离运输费低；安全系数高；运输准时性好	装卸次数多，货物毁损率高；前期投资大；运输缺乏弹性；一旦其中一路段故障，影响严重
航空运输	速度快；机动性强；受地面影响小；安全性高；基础设施建设周期短	载重量小；运输成本高；受天气影响大
水路运输	运输量大；运输成本低；适合长距离	初始投资大；受气候水温影响；运输速度慢
公路、铁路联运	运输方式优缺点互补；衔接性更好；降低运输成本	管理复杂
航空、公路、铁路联运	适合各种距离增加；运输时间缩短；运输量增大	管理复杂；运输成本因航空运输存在而增加

二、食品原料的运输流程

食品原料的出库、检查、装卸、搬运和运输都需要保证原料的质量和安全要求，运输环节的具体流程如图6-1所示。

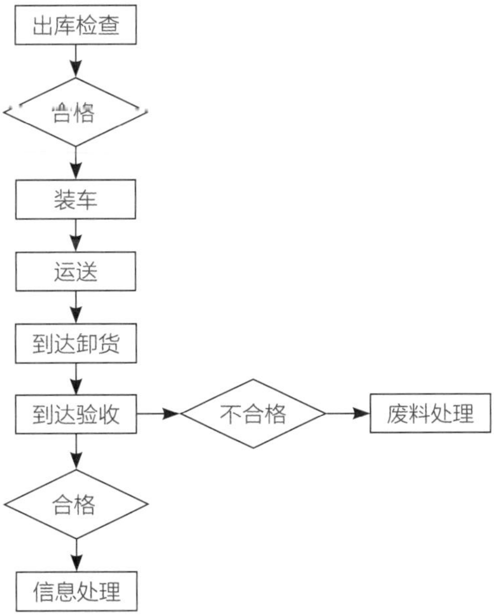

图6-1　食品原料的运输流程

三、运输中影响食品原料质量与安全的主要因素

1. 物理损伤

不论何种运输方式，由于在运输过程中始终处于震动的环境中，极易造成食品原料的物理损伤，尤其是易腐食品，因此食品原料的储运性不同，要根据不同的食品原料选择合适的储运方式。

2. 生理变化

生理变化主要是由水果蔬菜的呼吸变化导致的。在受到外界伤害后，果蔬呼吸强度会明显上升。不论是由于运输过程中的震荡还是搬运过程中造成的物理损伤，均可造成呼吸强度上升，加剧果蔬中糖、酸等有机物的消耗，造成果蔬储藏期降低，口味下降。同时会产生不饱和醛、酮等物质，使果蔬产生异味。

3. 环境条件

（1）温度　在运输过程中温度波动越小，对食品造成的损失越少。常温运输在没有保温包装的条件下，其温度受气温影响而发生变动，尤其是夏季和冬季影响尤为明显。低温运输的温度基本与储存的恒定温度一致，但是实际运输中由于外界环境的变化，很难保持某一固定温度，物流时间越长，允许温度变动幅度越小。且食品运输时间相对储存时间来说是短暂的，因此在一个合理的温度变化范围内也能达到恒定低温的效果。

（2）湿度　湿度对食品原料的运输质量有一定的影响，湿度过大使食品原料包装或食品表面结存冷凝水，有利于微生物滋生。湿度过小，会加剧食品的干耗，甚至导致食品发霉变质等，因此在运输中应该合理控制食品原料的湿度。

（3）气体　食品原料的储藏运输过程也可能会受到气体的影响，气调保鲜是食品原料运输过程中常用的保鲜方式，可以通过控制食品储藏环境气体的组成，如增加环境气体中CO_2和N_2比例、降低O_2比例的方式抑制新鲜果蔬的呼吸作用，延长储存期限。气调保鲜除了鲜肉、果蔬的保鲜，也可用于谷物、鱼产品、鸡蛋的保鲜或保藏，如谷物可以充入CO_2，鱼产品可以充氧。

即问即答6-5

为了抑制蔬菜水果的呼吸，延长储存期限，可以采用（　　）的方法，控制食品储藏环境气体的组成。

A. 洒水　　B. 提高温度　　C. 气调保鲜　　D. 提高湿度

4. 储运容器

《中华人民共和国食品安全法》第三十三条第六款规定，食品生产经营者应当符合食品安全标准，并符合“贮存、运输和装卸食品的容器、工具和设备应当安全、无害，保持清

洁，防止食品污染，并符合保证食品安全所需的温度、湿度等特殊要求，不得将食品与有毒、有害物品一同运输”的要求。

5. 药物与添加剂

在食品原料运输过程中，为了延长储运时间、保持食品鲜度和品质，可能会使用一些防虫药或保鲜的添加剂，但是使用这些药物时要严格遵守国家标准和说明书的要求，不能直接接触食品。

四、食品原料运输要求

（一）装车

1. 选择合适的运输工具

应根据食品原料数量、路程远近、运输时间、储存条件、外界温度等情况选择合适的运输工具。如大米、面粉、油料等原料，可用普通常温车（车厢）和船运输。运载水果、蔬菜等生鲜植物原辅材料时宜采用冷藏车、冷藏箱或保温箱运输。

2. 运输工具的卫生要求

首先应防止在储存、运输和装卸过程中对食品原料的污染。储存、运输、装卸食品的容器、包装、工具、设备（集装箱、车厢、船舱、叉车、输送装置、垫板等）必须安全，器具应保持无毒、无害，不要与装过有毒、有害、有腐蚀性、易挥发或有异味物品的器具混用；容器、包装、工具、设备必须保持清洁，并对这些器具进行定期清扫，必要时进行消毒。

运输工具（包括车厢、船舱和各种容器等）应符合卫生要求，定期清洗、消毒，保持洁净卫生。食品原料运输及储存中应避免日光直射、雨淋、显著的温湿度变化，运输工具应备有防雨、防尘、保温、冷藏、保鲜等设施。

3. 装卸食品原料

装卸食品原料应避免强烈震荡、撞击；要轻拿轻放，防止损伤成品外形；按照食品包装上的储存运输标志要求装卸；食品原料不直接接触地面。尤其是低温冷藏食品，冷藏车在装卸前要进行预冷工作，温度应与产品储藏温度尽量保持一致。装车应保持快装轻装的原则，尽量减少车门开关的次数，尽可能保证生鲜食品的安全和质量。

食品原料不得与有毒、有害、有腐蚀性、易挥发或有异味的物品混装、混运；不得将生食品与熟食品，原料、半成品与成品，陈旧食品与新鲜食品同车混合运输；要做到防尘防蝇，防止污染。

（二）运送

开始运输之前，必须进行食品的质量检查，了解产品名称、储存环境、允许的运输期限等，在标签、批号和货物三者符合的情况下才能运输。

运输家畜等动物的车、船应分层设置铁笼，这样既能通风透气、防止挤压，还便于运输途中供给足够的饲料和饮水。

运输冷藏食品原料时，运输人员出行前应对冷藏车及冷藏车的制冷设备、温度记录显示仪进行检查，要确保所有的设施设备正常并符合温度要求。冷藏箱或保温箱上应注明储存条件、启运时间、保温时限、特殊注意事项或运输警示，应按流程发运，流程内容包括运输前通知、运输方式、线路、联系人、异常处理方案等。在运输中应始终保持运输车的环境符合产品的储存条件，并实时全程监控车厢内的温度和湿度变化，一旦忽视或不及时处理，便会造成产品的腐烂和变质。要在规定时限内送达，运输途中不得开启冷藏箱或保温箱。另外防止行进途中的剧烈颠簸和震动，所有操作都应保持正确和规范的作业流程，否则会增加产品的质量隐患。

（三）卸货

按照顾客的需求进行卸货作业，并放置在指定的存放区域，提供相应的订单凭证，并配合进行质量检查。要及时安排工作人员卸货，避免车辆到达后长时间的等待尤其是在太阳下暴晒，造成货物的腐烂变质。卸货时要有相应的专业设备工具，如保温衣、保温手套等，避免由于人员直接与货物接触增加腐败变质的风险概率。此外还要及时进行食品原料质量检查和温控监测，防止已腐烂产品没有及时清理影响整体货物。

运输环节历经时间长涉及范围广，有许多不确定性，在此环节中确保食品原料的质量安全至关重要。因此需要供应链每一环都相互配合，充分满足订单需求，在规定的时间运送到位，保证产品运输及时高效。在运送过程中必须保证产品的储存环境，可以运用先进的科技手段对运输过程进行温度和湿度的有效监控，提高基础设施水平，满足承运要求。可以引进先进的信息管理系统，随时监控产品的运输状态和存活程度，保证承运产品的可追溯性。另外在运输过程中，受到外部环境影响的因素比较多，应培养资质合格的从业人员，有效地处理各种突发状况，保障产品的顺利交接。

思政园地

在运送过程中必须保证产品的储存环境，可以运用先进的科技手段和信息管理技术，对运输过程进行温度和湿度的有效监控，随时监控产品的运输状态和存活程度保证承运产品的可追溯性。运输技术的提升离不开科技的进步，在以后的工作中要具备开拓创新精神为祖国的科教兴国战略贡献自己的力量。

即问即答6-6

食品原料运输要求中，下列说法错误的是（　　）。

A. 食品原料不得与有毒、有害、有腐蚀性、易挥发或有异味的物品混装、混运

B. 冷藏车在装卸完成后进行预冷工作

C. 装卸食品原料应避免强烈震荡、撞击

D. 食品原料不能直接接触地面

学生活动

假如你是一名食品安全员，根据运输计划的安排将要运输一批新鲜蔬菜到相应的冷库储存，请参考下列提示，编制相应的原料运输检查表。

装车：选择合适的运输工具；运输工具的卫生要求；装车注意事项。

运送：食品的质量检查；运输流程及注意事项。

卸货：指定的存放区域；提供相应的订单凭证；进行质量检查；卸货要求。

原料运输检查表

运输单位		车牌号码	
原料名称		单位/数量	
包装类型		包装有无破损	
运输时间			
装车检查			
序号	检查项目		检查结果
1	是否选择合适的运输工具		是□　否□
2	是否具有运输资质		是□　否□
……			

续表

运送检查		
序号	检查项目	检查结果
1	食品质量是否合格	是□　否□
2	冷藏车及冷藏车的制冷设备、温度记录显示仪是否正常运行	是□　否□
……		
卸货检查		
序号	检查项目	检查结果
1	原料数量是否一致	是□　否□
2	原料是否有变质、被污染和遭受虫害现象	是□　否□
……		

检查人		检查日期	

模块七 食品生产过程管理

项目一 危害分析与关键控制点（HACCP）

学习目标

知识目标

1. 能收集食品安全相关案例，阐述实施HACCP的意义。
2. 能说出危害、危害分析、关键控制点以及关键限值等的概念。
3. 能简写出HACCP实施步骤。

技能目标

1. 能根据案例，提炼食品生产过程中的监控点及关键控制点。
2. 能提出预防潜在危害的控制措施。
3. 能正确制定符合企业实际的HACCP审核计划，组织人员进行企业食品安全危害分析检查并出具报告。

素养目标

1. 能严格秉持诚实、公正的工作态度，践行社会主义核心价值观，进行HACCP审核。
2. 能正确表达自我意见，并与他人良好沟通，顺利完成食品安全危害分析检查任务。

情境导入

某海鲜加工厂计划推出一款生食水产品（贝类），根据文献报道与市场调研，发现此类产品特别容易受到微生物感染，导致产品质量不稳定。为避免发生此类安全事件，生产合格产品，作为工厂的质量控制人员，应如何控制生食水产品（贝类）加工生产条件，保证产品质量?

思考：

食品产业推出前，通过市场调研可获得哪些信息？

知识导学

一、知识归纳思维导图

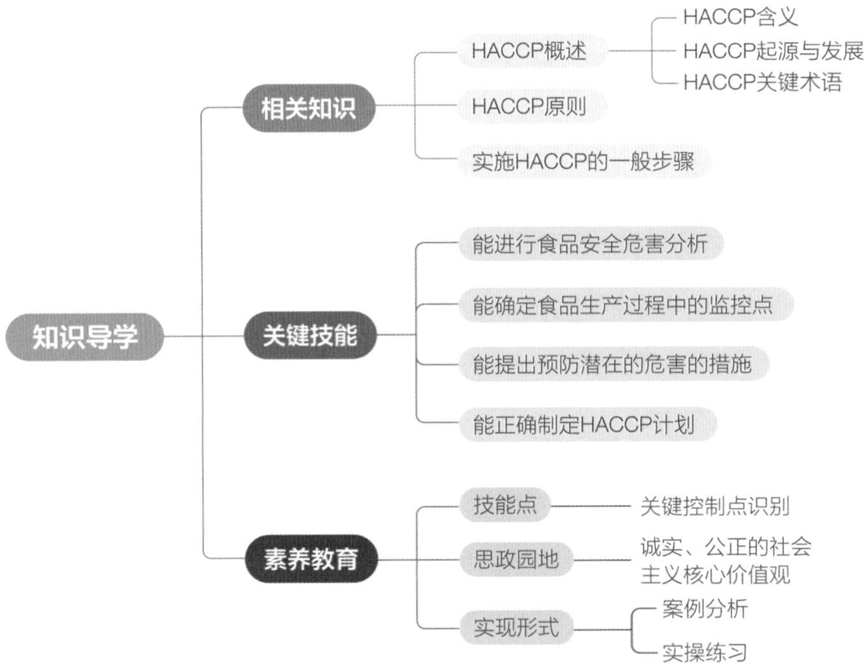

二、学习引导

资源链接：GB/T 27341—2009《危害分析与关键控制点（HACCP）体系　食品生产企业通用要求》、GB/T 19538—2004《危害分析与关键控制点（HACCP）体系及其应用指南》、GB/T 22004—2007《食品安全管理体系GB/T 22000—2006的应用指南》、GB/T 22000—2006《食品安全管理体系　食品链中各类组织的要求》等（见附录）。

危害分析与关键控制点（HACCP）学习课件

必备知识

一、HACCP 概述

1. HACCP含义

HACCP是Hazard Analysis Critical Control Point的英文缩写，表示危害分析与关键控制点。HACCP体系是国际上共同认可和接受的食品安全保证体系，主要是对食品中物理、化学和生物危害进行安全控制。

（1）物理危害　包括食品中发现不正常的有潜在危害的外来物，如玻璃片、金属物、砂石等。

（2）化学危害　包括天然存在的化学物如霉菌毒素、蘑菇毒素、贝类毒素、生物碱等。有意加入化学物质如食品添加剂，包括防腐剂、香味剂、色素料、增白剂、抗氧化剂、营养强化剂等。无意或偶尔进入食品的化学物质如农用化学品（包括杀虫剂、杀菌剂、除草剂、肥料、抗生素、生长激素等）、食品禁用化学品、工厂化学品、有素元素、化学物（重金属、氰化物、润滑油、清洗剂、消毒剂和油漆等）。

（3）生物危害　包括有害细菌、病毒、寄生虫等。常见细菌危害有肉毒梭菌、弧菌、单核增生李斯特菌、沙门菌、大肠杆菌、志贺菌、金黄色葡萄球菌等。常见病毒有A型肝炎病毒、诺沃克病毒等。常见寄生虫有线虫、绦虫、吸虫等。

即问即答7-1

食品危害主要包括生物性的、化学性的和（　　）。

A. 物理性的　　B. 生理性的　　C. 生化性的　　D. 物质性的

2. HACCP起源与发展

HACCP体系的建立始于1959年，当时主要是为了满足开发航天食品的需要，即如何尽可能地保证用于太空中的食品具有100%的安全性。担任开发任务的皮尔斯柏利（Pillsbury）公司、美国宇航局（NASA）共同提出了一种食品卫生监督管理模式，这种模式就是最早的HACCP的雏形。即建立一个防御体系，该体系能尽早地控制原料、加工过程、环境、储存和流通，并一直保持适当的纪录，这样就可以生产出高置信度的产品。

1971年，皮尔斯柏利（Pillsbury）公司在美国食品保护会议（National Conference on Food Protection）上首次提出HACCP管理概念。几年后美国食品与药物管理局（FDA）采纳并作为酸性与低酸性罐头食品法规的制定基础。1974年以后，HACCP的概念已大量出现在科技文献中。

我国从20世纪90年代起在一些出口食品企业推广HACCP体系，取得了显著效果。HACCP体系已成为确保食品安全控制的基本政策，并逐步建立了与发达国家相对等的法规体系。

HACCP体系可应用于从初级生产到最终消费整个食品链中，它的运用应以对人体健康风险的科学证据为指导。在提高食品安全性的同时，实施 HACCP体系也能带来其他明显的好处。此外，HACCP体系的应用有助于政府管理机构实施检查，并通过提高食品安全的可信度促进国际贸易。

3. HACCP关键术语

（1）关键控制点（Critical Control Point，CCP） 能够进行控制，并且该控制对防止、消除某一食品安全危害或将其降低到可接受水平是必需的某一步骤。

（2）关键限值（Critical Limit，CL） 是区分可接收或不可接收的判定标准。

（3）危害（Hazard） 食品中所含有的对健康有潜在不良影响的生物、化学或物理因素或食品存在的状态。

（4）危害分析（Hazard Analysis） 对危害以及导致危害存在条件的信息进行收集和评估的过程，以确定出食品安全的显著危害，因而宜将其列入HACCP计划中。

HACCP体系以科学性和系统性为基础，识别特定危害，确定控制措施，以确保食品的安全性。HACCP是一种评估危害和建立控制体系的工具，着重强调对危害的预防，而不是主要依赖于对最终产品的检验。

即问即答7-2

HACCP是一种预防性的食品安全控制体系。（ ）

二、HACCP原则

HACCP的7大原则如图7-1所示。

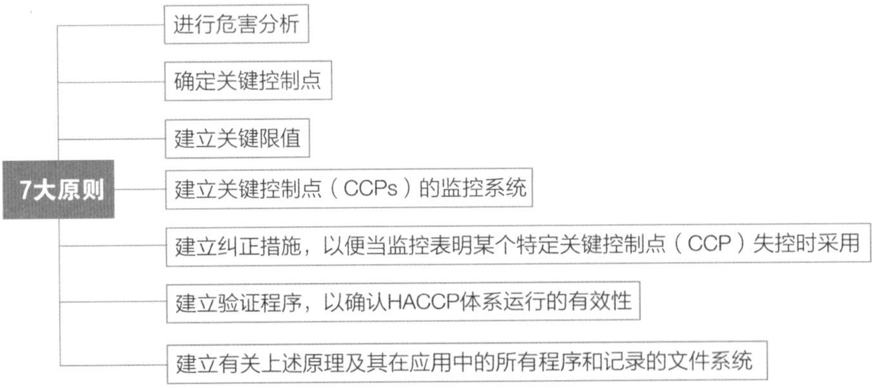

图7-1 HACCP的7大原则

三、实施HACCP的一般步骤

企业实施HACCP共12个步骤，其中5个预备步骤，7个实施步骤。

1. 成立HACCP实施小组

（1）HACCP小组的职责 负责编写HACCP体系文件，监督HACCP体系的实施，执行HACCP体系建立与实施过程中主要的关键职责。

（2）HACCP小组的组成　其成员应由多学科、各相关专业的技术人员和与HACCP体系相关的部门及企业管理层的管理人员组成，应包括管理、技术、生产、检验、质控、维护、仓储、采购、运输方面的人员。必要时，可从外部聘请兼职专家。

（3）HACCP小组成员的素质　经过系统的HACCP体系建立与实施理论的培训，拥有较丰富的食品生产领域的知识和经验。

2. 产品描述

产品描述包括产品名称、产品成分、物理/化学结构、加工方式（如热处理、冷冻等）、包装形式、保质期、储存条件和销售方法。某虾类产品的产品描述表如表7–1所示。

3. 产品预期用途

基于最终用户或消费者对产品的使用期望、识别和确定产品用途，如直接食用、加热熟制后食用、再加工使用等。

表7–1　某虾类产品的产品描述表

加工类别：冷冻食品 产品类型：虾类	
产品名称	单体结冻生虾仁，简称单冻虾仁
主要配料	品质改良剂
产品特性	（1）感官特性　色泽：呈浅红色；滋味和气味：有纯正的虾仁味道，无酸味及其他异味；组织状态：冻结结实，无可见杂质 （2）理化指标　符合SC/T 3110—2019《冻虾仁》 （3）卫生指标　符合SC/T 3110—2019《冻虾仁》
预期用途及消费人群	即食食品，普通消费者
食用方法	充分加热后方可食用
包装类型	符合食品卫生要求的纸盒、塑料袋
储存条件	–25～–20℃
保质期	3个月
标签说明	符合GB 7718—2011《食品安全国家标准　预包装食品标签通则》的相关规定
运输要求	–18～–13℃
销售要求	–18～–13℃

4. 绘制生产流程图

生产流程图危害分析的基础，流程图表明了产品加工过程中起点、终点和中间各加工步骤，确定了进行危害分析和制定HACCP计划的范围，是建立和实施HACCP体系的起点和焦点。需要对工作步骤作完整、简明的描述，可用方框图和箭头线清晰、准确地表示。

当企业生产多种产品时，如果不同产品的加工工序存在明显差别，应分别制定流程图，分别进行危害分析和制定HACCP计划。

5. 现场验证生产流程图

CCP小组对于已制作的工艺流程图应进行现场确认，验证流程图表达的各加工步骤与实际加工工序是否一致。发现不一致或存在遗漏时，对流程图作相应修改或补充。

6. 列出所有潜在危害，进行危害分析，确定控制措施

（1）危害　会对食品产生潜在的健康危害的生物（B）、化学（C）、物理（P）因素或状态。可将危害程度定性地分为灾难性危害、严重危害、中度危害、轻微危害、可忽略危害，并以严重指数（S）来综合描述危害的严重性。严重指数（S）是指危害一旦发生顾客及组织不可接受程度的等级描述。鲜茶叶收购识别的危害种类及危害产生的原因见表7-2。

（2）危害分析　收集和评估导致危害和危害条件的过程，以便决定哪些对食品安全有显著意义，从而应被列入HACCP计划中。

（3）危害发生阶段

①原料危害：原料多来自动植物，主要危害来自微生物（各种致病菌等）、化学物质（抗生素、杀虫剂、农药等）和物理性杂质（小石子、玻璃、金属异物等）。

②加工过程或加工后，食品的物理特性或组成变化：致病菌、毒素、食品pH、可发酵营养物、防腐剂等在加工过程或加工后的变化和稳定性。

③生产设备及车间内的设施危害：交叉感染、正压条件、消毒、破碎等。

④操作人员的健康、卫生及教育危害：个人卫生状况、对制程的了解及异常处理能力等。

⑤包装物危害：密封、隔离、微生物生长等。

⑥食品的储运及消费危害：储运的条件、食用的方法、食品适宜消费群体等。

表7-2　鲜茶叶收购识别的危害种类及危害产生的原因

步骤	识别的危害种类		危害产生的原因
鲜茶叶收购	B	细菌	种植过程中存在
	C	农药和重金属	种植过程中存在
	P	茶果、茶梗、污染物	采摘过程中存在

7. 确定关键控制点（CCP）

确定关键控制点是 HACCP的核心，如果 CCP 确定过多，会增加不必要的工作量，过少则将导致影响食品安全的环节未全部识别。因此，食品加工企业在建立HACCP 体系时，

在前期策划阶段，应采用科学的方法，合理确定 CCP。确定CCPs的判断树如图7-2所示。

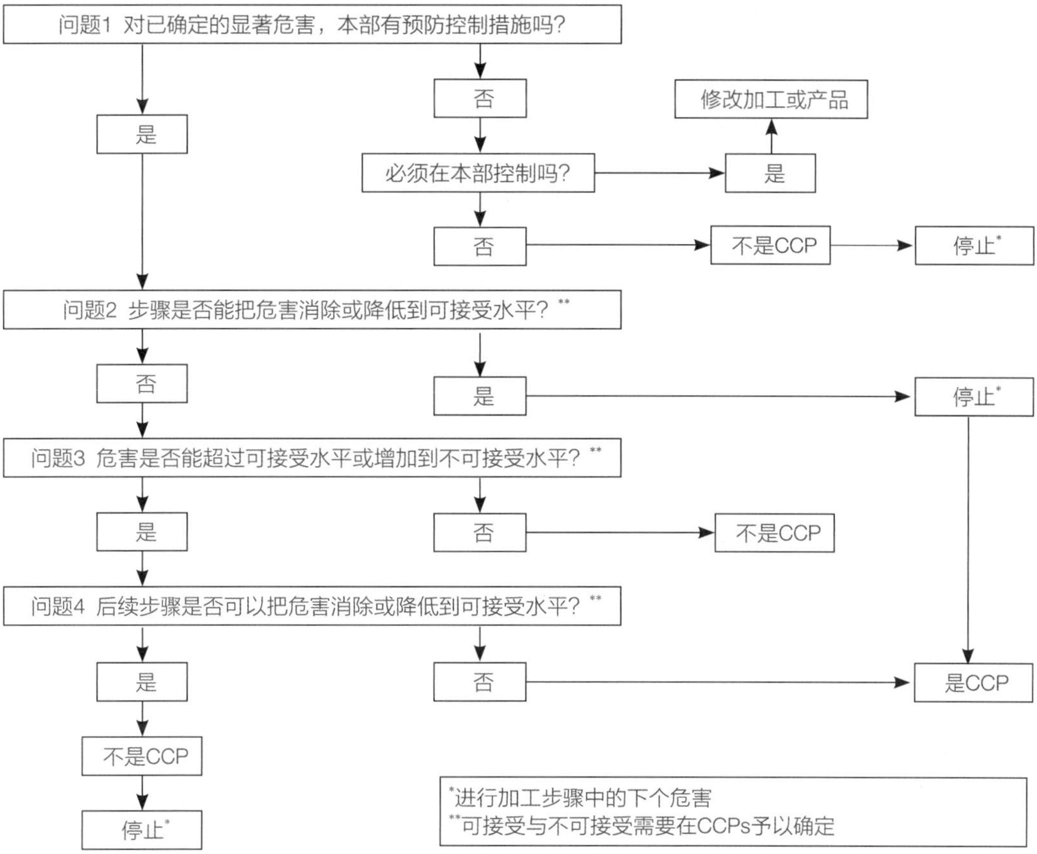

图7-2　确定CCPs的判断树

确定关键控制点时，产生危害的步骤不一定是CCP，需根据实际情况分析，挑选出最适合的步骤定为CCP。当关键控制点无法控制时，需要修改工艺以保证产品质量安全。关键控制点需要根据实际生产加工流程进行更新，当工厂位置、产品配方、仪器设备等发生变动时，要及时更新CCP。除此之外，一种危害有时可由几个CCP来控制。例如在乳制品生产中，酵母菌污染这一危害因素，需要原料收购、消毒灭菌、灌装封口三个关键控制点共同控制才能防范。

8. 确定CCP中的关键限值（CL）

基于法规限量、科学文献、危害控制指南、试验结论、专家指导和危害控制原理确定关键限值（CL），需具备科学性与可操作性。有效、简捷、经济是确定关键限值的三项原则。有效是指，在此限值内，显著危害能够被防止、消除或降低到可接受水平；简捷是指，简便快捷，易于操作，可在生产线不停顿的情况下快速监控；经济是指，较少的人力、物力、财力的投入。

关键限值的确定步骤有以下几点。

（1）确认在本CCP上要控制的显著危害与预防控制措施的对应关系。

（2）分析明确每个预防控制措施针对相应显著危害的控制原理。

（3）根据关键限值的确定原则和危害控制原理，分析确定关键限值的最佳种类和载体。可考虑的种类包括：温度、时间、厚度、纯度、pH、水活度、体积等。

（4）确定关键限值的数值。根据法规法典和一些权威组织公布的数据（如农残限量）、科学文献、危害控制指南，以及企业自行或委托试验的结论确定关键限值的数值建立操作限。

操作限值（OL）比关键限值更严格，是操作人员用以降低偏离关键限值风险的标准。设置操作限值可以避免关键限值的偏离，最大限度地避免损失，确保产品安全。

9. 确定每个CCP地监控程序

确定监控对象、监控方法、监控频次、监控人员，执行计划好的一系列观察和测量，从而评价一个关键控制点是否受到控制，并保持相应记录。

10. 确定每个CCP可能产生的偏离的纠正措施

预先制定每个关键控制点偏离每个关键限值时的书面纠正措施，形成相关报告，纳入HACCP支持文件，当监控表明发生偏离某个关键限值的情况时，实施相应的纠正措施。

书面纠正措施的内容包括以下几点。

（1）列出每个关键控制点对应的每个关键限值。

（2）寻查偏离每个CL的原因的方法或途径。

（3）纠正或消除偏离每个CL的原因的措施。

（4）隔离、评估、处理在偏离每个CL期间生产的产品的措施，以确保进入市场的产品对公众健康无害，或不会因偏离关键限值而产生掺假品。

11. 确定验证程序

最复杂的HACCP原理之一就是验证。验证程序的正确制定和执行是HACCP计划成功实施的重要基础。验证原理的核心是“验证才足以置信”。HACCP的宗旨是防让食品安全危害的发生，验证的目的是提供置信水平。

（1）证明HACCP计划是否建立在严谨、科学的基础上，它能否足以控制产品本身和工艺过程中出现的安全危害。

（2）证明HACCP计划所规定的控制措施能被有效实施，整个HACCP体系在按规定有效运转，可通过如监控设备的校正、针对性的取样和检测、CCP记录的复查等来证明。

（3）验证HACCP系统是否合理、是否有效运行，通过内核和外审，确保HACCP计划的适宜性，HACCP计划与实际操作的一致性，体系对危害控制的有效性。

12. 建立记录保存程序

包含CCP监控记录、纠正措施记录、验证与确认记录等。

即问即答7-3

HACCP计划可不包括（　　）。

A. HACCP计划所要控制的危害

B. 已确定危害将得到被控制的关键控制点

C. 关键限值

D. 负责执行每个监视程序的人员的培训内容

学生活动

1. 假如你是某蘑菇罐头加工厂的一名质量审核员，现需识别蘑菇验收环节涉及的危害，并完成下表。

工作	危害类型	危害描述
蘑菇验收		

2. 运用HACCP的方法和原理，制定蘑菇罐头产品验收环节的HACCP计划。

项目二　良好操作规范（GMP）

学习目标

知识目标	1. 能说出食品良好操作规范的概念及分类。 2. 熟知良好操作规范的主要内容及在食品安全管理中的作用。
技能目标	1. 能根据GB 14881—2013《食品安全国家标准　食品生产通用卫生规范》相关要求，在食品安全管理中实践应用。 2. 能根据GB 14881—2013《食品安全国家标准　食品生产通用卫生规范》判定食品生产现场是否合理、规范。
素养目标	1. 通过案例分析，树立精益求精的工匠精神，培养主动思考、分析问题和解决问题的能力。 2. 通过良好操作规范的学习，培养严谨的工作作风和认真负责的工作态度，践行社会主义核心价值观，为食品安全保驾护航。

情境导入

2019年12月3日，北京某食品有限公司生产车间内发生燃气爆炸事故，造成4人死亡、10人受伤，直接经济损失1400余万元。调查结果表明，事故原因主要包括：企业将部分管道、阀门等燃气设施封闭在通风不良的场所内，且未按照国家标准设置通风、燃气泄漏报警等安全设施。

思考：

食品企业在厂区选址、规划、施工过程中，如何保障安全？

知识导学

一、知识归纳思维导图

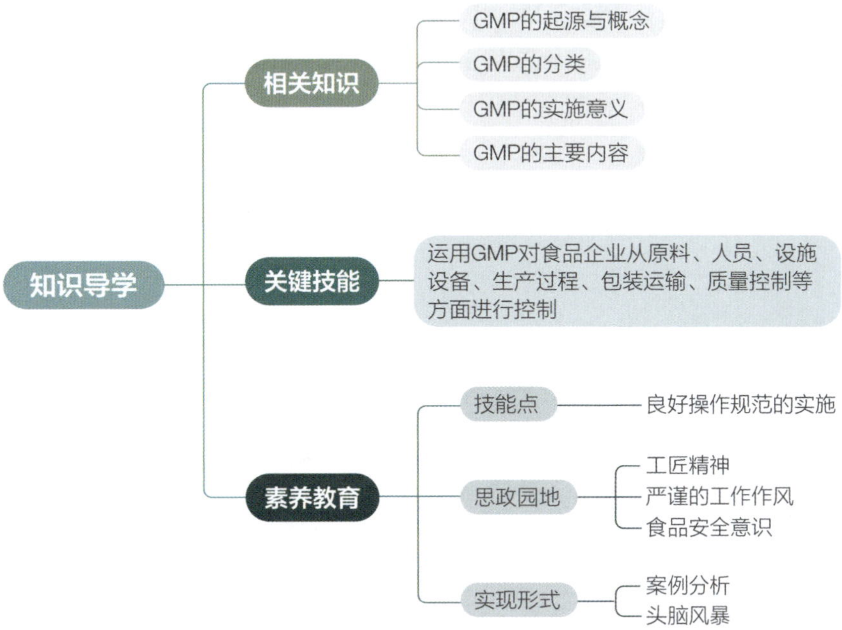

二、学习引导

资源链接：GB 14881—2013《食品安全国家标准　食品生产通用卫生规范》《中华人民共和国食品安全法》、GB 19304—2018《食品安全国家标准　包装饮用水生产卫生规范》、GB 31647—2018《食品安全国家标准　食品添加剂生产通用卫生规范》、GB/T 20575—2019《鲜、冻肉生产良好操作规范》、GB 20941—2016《食品安全国家标准　水产制品生产卫生规范》等（见附录）。

良好操作规范（GMP）学习课件

必备知识

一、良好操作规范（GMP）的起源与概念

GMP（Good Manufacturing Practices），即良好操作规范，也称为良好生产规范，是保证食品具有安全性的良好生产管理体系，其通过对产品生产、加工、包装、储存、运输和销售的规

范要求，并在生产的全过程实施科学管理和严格监控，确保最终产品的质量符合法规要求。

20世纪60年代前后，德国格仑南苏制药公司制造出了一种可以减轻女性怀孕早期恶心、呕吐等一系列早孕反应的镇静药物，该药物商品名为“反应停”。但在该药物使用的几年中，各国出生的新生儿中陆续发现多例短肢畸形，形同海豹的婴儿，称为“海豹肢畸形”。经调查发现，这些畸形儿的出生与服用“反应停”药物有关。为保证药品的质量，美国食品与药物管理局（FDA）制定了世界上第一部药品的GMP，并于1963年颁布GMP法令，此后FDA对GMP进行数次修订。1998年，我国卫生部（现卫健委）颁布了首批的食品GMP强制性标准GB 17405—1998《保健食品良好生产规范》和GB 17404—1998《膨化食品良好生产规范》。

二、良好操作规范的分类

1. 根据GMP的制定机构和适用范围分类

（1）由国际组织颁布并在国际范围内适用的GMP　如国际食品法典委员会（CAC）制定的《食品卫生通用GMP》、世界卫生组织GMP、PIC-CMP（PIC为 Pharmaceuical Inspection Convention，即药品生产检查相互承认公约）、东南亚国家联盟的GMP等。

（2）国家权力机构颁布的GMP　如中华人民共和国卫生部（现中华人民共和国国家卫生健康委员会）制定的GB 17405—1998《保健食品良好生产规范》、中华人民共和国国家卫生和计划生育委员会（现中华人民共和国国家卫生健康委员会）发布的GB 17401—2014《食品安全国家标准　膨化食品》、美国食品与药物管理局（FDA）制定的GMP等。

（3）工业、行业组织制定的GMP　如美国制药工业联合会制定的GMP，标准不低于美国政府制定的GMP，可作为同类食品企业共同参与参照、自愿遵守的管理规范。

（4）食品企业自己制定的GMP　可作为企业内部管理的规范。

2. 根据GMP的法律效力分类

（1）强制性GMP　是由国家或有关政府部门制定、颁布并监督实施的法律规定，食品生产企业必须遵守。

（2）指导性（或推荐性）GMP　是由国际组织、国家有关政府部门或行业组织、协会等制定，推荐给食品企业参照执行，自愿遵守。

尽管各类的GMP各有特点，但预防为主和全过程的质量管理核心理念和基本内容是一致的。实践证明，随着我国经济飞速发展，人民生活质量不断提高，食品安全越来越成为全社会关注的焦点，GMP对保证食品质量起到积极作用，已经得到普遍认可。

三、良好操作规范的实施意义

GMP 在许多国家和地区推广实践证明，GMP是一种行之有效的科学而严密的生产管理系统，GMP 对从原料进厂、产品加工直至成品的储运、销售各个环节，均提出了具体控制措施、技术要求和相应的检测方法及程序。GMP的实施可将人为的差错控制在最低的限度，防止对食品的污染和降低质量，保证产品的质量。

它的实施意义主要体现在以下几个方面。

（1）有效地提高食品企业质量管理水平。GMP 要求食品企业必须具有良好的生产设备、科学合理的生产工艺、完善先进的检测手段、高水平的人员素质以及严格的管理体系和制度。在食品企业推广和实施GMP，对提高整体食品企业管理水平有着积极的作用。

（2）有利于食品生产质量管理与国际规范接轨。GMP的原则已被世界上许多国家，特别是发达国家认可并采纳。在食品企业推广和实施GMP，对我国食品企业的质量管理体系与产品质量为国际认可，起着非常重要的作用，同时也是在国际食品贸易中衡量我国食品企业质量管理优劣的重要依据。

（3）有利于标准化管理。食品生产企业推行GMP，全过程运用标准化模式管理，生产过程遵循统一的标准规范，便于企业标准化管理。

（4）提高食品企业竞争力，促进食品企业公平竞争，保证食品质量。食品质量依赖于企业的技术能力和管理水平，企业实施GMP，势必会大大提高产品的质量，从而带来良好的市场信誉和经济效益，通过加强GMP的监督检查，可淘汰一些不具备生产条件的企业，实现食品行业的良性循环。

（5）有利于保障消费者的利益。GMP保证食品安全即保障消费者的利益。食品上有明确的GMP标志，可保障消费者的认知权利和选择权利。

四、良好操作规范的主要内容

食品GMP体系主要由人员、硬件和软件三个部分构成。人员是关键，要由适合的人员来进行生产与管理；硬件（包括厂房、原料和设备等）是基础，良好的生产环境、完善先进的厂房设施、精良的设备和仪器、优质的原料是生产合格优质产品的基础；软件是保障，食品生产企业机构与人员的职能、工艺、标准、程序、过程控制要求和结果记录等完善实用的系统是食品生产质量的保障。GMP是对食品生产过程中各个环节均实行严格监控，提出具体要求和采取必要良好的质量监控措施，因此在各个方面应严格正确贯彻实施，才能形成和完善质量保证体系。

食品GMP体系的内容依据GB 14881—2013《食品安全国家标准　食品生产通用卫生规范》。该标准包括：范围；术语和定义；选址及厂区环境；厂房和车间；设施与设备；卫生管理；食品原料、食品添加剂和食品相关产品；生产过程的食品安全控制；检验；食品的储存和运输；产品召回管理；培训；管理制度和人员；记录和文件管理14个部分。要求企业从原料、人员、设施设备、生产过程、包装运输、质量控制等方面按照国家有关法规达到卫生质量要求，形成一套可操作的作业规范，使得生产出来的产品在质量与安全方面有保证。

即问即答7-4

食品企业的厂区选址及环境要求应注意（　　）。

A. 厂区选址应该选择在对食品没有显著污染，不易发生洪涝灾害、虫害大量滋生的区域

B. 厂区内的道路应铺设混凝土、沥青或者其他硬质材料

C. 空地应采取必要措施，如铺设水泥、地砖或铺设草坪等方式，保持环境清洁，植被应定期维护

D. 厂区环境有水、电就行

（一）选址及厂区环境

1. 选址

（1）厂区不应选择对食品有显著污染的区域。如某地对食品安全和食品宜食用性有明显的不利影响，且无法通过采取措施加以改善，应避免在该地址建厂。

（2）厂区不应选择有害废弃物以及粉尘、有害气体、放射性物质和其他扩散性污染源不能有效清除的地址。

（3）厂区不宜择易发生洪涝灾害的地区，难以避开时应设计必要的防范措施。

（4）厂区周围不宜有害虫大量滋生的潜在场所，难以避开时应设计必要的防范措施。

2. 厂区环境

（1）应考虑环境给食品生产带来的潜在污染风险，并采取适当的措施将其降至最低水平。

（2）厂区应合理布局，各功能区域划分明显，并有适当的分离或分隔措施，防止交叉污染。

（3）厂区内的道路应铺设混凝土、沥青或者其他硬质材料；空地应采取必要措施，如铺设水泥、地砖或铺设草坪等方式，保持环境清洁；防止正常天气下扬尘和积水等现象的发生。

（4）厂区绿化应与生产车间保持适当距离，植被应定期维护，以防止虫害的滋生。

（5）厂区应有适当的排水系统。

（6）宿舍、食堂、职工娱乐设施等生活区应与生产区保持适当距离或分隔。

（二）厂房和车间

（1）厂房和车间的内部设计和布局应满足食品卫生操作要求，避免食品生产中发生交叉污染。

（2）厂房和车间的设计应根据生产工艺合理布局，预防和降低产品受污染的风险，如图7-3所示。

图7-3　厂区鸟瞰图

（3）厂房和车间应根据产品特点、生产工艺、生产特性以及生产过程对清洁程度的要求合理划分作业区，并采取有效分离或分隔。如通常可划分为清洁作业区、准清洁作业区和一般作业区，或清洁作业区和一般作业区等。一般作业区应与其他作业区域分隔。

（4）厂房内设置的检验室应与生产区域分隔。

（5）厂房的面积和空间应与生产能力相适应，便于设备安置、清洁消毒、物料存储及人员操作。

（三）建筑内部结构与材料

1. 内部结构

建筑内部结构应易于维护、清洁或消毒。应采用适当的耐用材料建造。

2. 顶棚

（1）顶棚应使用无毒、无味、与生产需求相适应、易于观察清洁状况的材料建造；若直接在屋顶内层喷涂涂料作为顶棚，应使用无毒、无味、防霉、不易脱落、易于清洁的涂料。

（2）顶棚在结构上应不利于冷凝水垂直滴下，防止虫害和霉菌滋生。

（3）蒸汽、水、电等配件管路应避免设置于暴露食品的上方；如确需设置，应有能防止灰尘散落及水滴掉落的装置或措施。

3. 墙壁

（1）墙面、隔断应使用无毒、无味的防渗透材料建造，在操作高度范围内的墙面应光滑、不易积累污垢且易于清洁；若使用涂料，应无毒、无味、防霉、不易脱落、易于清洁。

（2）墙壁、隔断和地面交界处应结构合理、易于清洁，能有效避免污垢积存。例如设置漫弯形交界面等。

4. 门窗

（1）门窗应闭合严密。门的表面应平滑、防吸附、不渗透，并易于清洁、消毒。应使用不透水、坚固、不变形的材料制成。

（2）清洁作业区和准清洁作业区与其他区域之间的门应能及时关闭。

（3）窗户玻璃应使用不易碎材料。若使用普通玻璃，应采取必要的措施防止玻璃破碎后对原料、包装材料及食品造成污染。

（4）窗户如设置窗台，其结构应能避免灰尘积存且易于清洁。可开启的窗户应装有易于清洁的防虫害窗纱。

5. 地面

（1）地面应使用无毒、无味、不渗透、耐腐蚀的材料建造。地面的结构应有利于排污和清洗的需要。

（2）地面应平坦防滑、无裂缝、并易于清洁、消毒，并有适当的措施防止积水。

（四）设施与设备

1. 设施

（1）供水设施

①应能保证水质、水压、水量及其他要求符合生产需要。

②食品加工用水的水质应符合GB 5749—2022《生活饮用水卫生标准》的规定，对加工用水水质有特殊要求的食品应符合相应规定。间接冷却水、锅炉用水等食品生产用水的水质应符合生产需要。

③食品加工用水与其他不与食品接触的用水（如间接冷却水、污水或废水等）应以完全分离的管路输送，避免交叉污染。各管路系统应明确标识以便区分。

④自备水源及供水设施应符合有关规定。供水设施中使用的涉及饮用水卫生安全的产品还应符合国家相关规定。

（2）排水设施

①排水系统的设计和建造应保证排水畅通、便于清洁维护；应适应食品生产的需要，保证食品及生产、清洁用水不受污染。

②排水系统入口应安装带水封的地漏等装置，以防止固体废弃物进入及浊气逸出。

③排水系统出口应有适当措施以降低虫害风险。

④室内排水的流向应由清洁程度要求高的区域流向清洁程度要求低的区域，污水在排放前应经适当方式处理，以符合国家污水排放的相关规定。

（3）清洁消毒设施　应配备足够的食品、工器具和设备的专用清洁设施，必要时应配备适宜的消毒设施。应采取措施避免清洁、消毒工器具带来的交叉污染。

（4）废弃物存放设施　应配备设计合理、防止渗漏、易于清洁的存放废弃物的专用设施；车间内存放废弃物的设施和容器应标识清晰。必要时应在适当地点设置废弃物临时存放设施，并依废弃物特性分类存放。

（5）个人卫生设施

①生产场所或生产车间入口处应设置更衣室；必要时特定的作业区入口处可按需要设置更衣室。更衣室应保证工作服与个人服装及其他物品分开放置。

②生产车间入口及车间内必要处，应按需设置换鞋（穿戴鞋套）设施或工作鞋靴消毒设施。如设置工作鞋靴消毒设施，其规格尺寸应能满足消毒需要。

③应根据需要设置卫生间，卫生间的结构、设施与内部材质应易于保持清洁；卫生间内的适当位置应设置洗手设施。卫生间不得与食品生产、包装或储存等区域直接连通。

④应在清洁作业区入口设置洗手、干手和消毒设施；如有需要，应在作业区内适当位置加设洗手和（或）消毒设施；与消毒设施配套的水龙头其开关应为非手动式。

⑤洗手设施的水龙头数量应与同班次食品加工人员数量相匹配，必要时应设置冷热水混合器。洗手池应采用光滑、不透水、易清洁的材质制成，其设计及构造应易于清洁消毒。应在临近洗手设施的显著位置标示简明易懂的洗手方法。

⑥根据对食品加工人员清洁程度的要求，必要时应可设置风淋室、淋浴室等设施。

（6）通风设施

①应具有适宜的自然通风或人工通风措施；必要时应通过自然通风或机械设施有效控制生产环境的温度和湿度。通风设施应避免空气从清洁度要求低的作业区域流向清洁度要求高的作业区域。

②应合理设置进气口位置，进气口与排气口和户外垃圾存放装置等污染源保持适宜的距离和角度。进、排气口应装有防止虫害侵入的网罩等设施。通风排气设施应易于清洁、维修或更换。

③若生产过程需要对空气进行过滤净化处理，应加装空气过滤装置并定期清洁。

④根据生产需要，必要时应安装除尘设施。

（7）照明设施

①厂房内应有充足的自然采光或人工照明，光泽和亮度应能满足生产需要；光源应使食品呈现真实的颜色。

②如需在暴露食品和原料的正上方安装照明设施，应使用安全型照明设施或采取防护措施。

（8）仓储设施

①应具有与所生产产品的数量、储存要求相适应的仓储设施。

②仓库应以无毒、坚固的材料建成；仓库地面应平整，便于通风换气。仓库的设计应能易于维护和清洁，防止虫害藏匿，并应有防止虫害侵入的装置。

③原料、半成品、成品、包装材料等应依据性质的不同分设储存场所、分区域码放场所，并有明确标识，防止交叉污染。必要时仓库应设有温、湿度控制设施。

④储存物品应与墙壁、地面保持适当距离，以利于空气流通及物品搬运。

⑤清洁剂、消毒剂、杀虫剂、润滑剂、燃料等物质应分别安全包装，明确标志并应与原料、半成品、成品、包装材料等分隔放置。

（9）温控设施

①应根据食品生产的特点，配备适宜的加热、冷却、冷冻等设施，以及用于监测温度的设施。

②根据生产需要，可设置控制室温的设施。

2. 设备

（1）生产设备

①一般要求：应配备与生产能力相适应的生产设备，并按工艺流程有序排列，避免引起交叉污染。

②材质：与原料、半成品、成品接触的设备与用具，应使用无毒、无味、抗腐蚀、不易脱落的材料制作，并应易于清洁和保养。设备、工器具等与食品接触的表面应使用光滑、无吸收性、易于清洁保养和消毒的材料制成，在正常生产条件下不会与食品、清洁剂和消毒剂发生反应，并应保持完好无损。

③设计：所有生产设备应从设计和结构上避免零件、金属碎屑、润滑油或其他污染因素混入食品，并应易于清洁消毒、易于检查和维护。设备应不留空隙地固定在墙壁或地板上，或在安装时与地面和墙壁间保留足够空间，以便清洁和维护。

（2）监控设备　用于监测、控制、记录的设备，如压力表、温度计、记录仪等，应定期校准、维护。

（3）设备的保养和维修　应建立设备保养和维修制度，加强设备的日常维护和保养，定期检修，及时记录。

（五）卫生管理

1. 卫生管理制度

（1）应制定食品加工人员和食品生产卫生管理制度以及相应的考核标准，明确岗位职责，实行岗位责任制。

（2）应根据食品的特点以及生产、储存过程的卫生要求，建立对保证食品安全具有显著意义的关键控制环节的监控制度，良好实施并定期检查，发现问题及时纠正。

（3）应制定针对生产环境、食品加工人员、设备及设施等的卫生监控制度，确立内部监控的范围、对象和频率。记录并存档监控结果，定期对执行情况和效果进行检查，发现问题及时整改。

（4）应建立清洁消毒制度和清洁消毒用具管理制度。清洁消毒前后的设备和工器具应分开放置妥善保管，避免交叉污染。

2. 厂房及设施卫生管理

（1）厂房内各项设施应保持清洁，出现问题及时维修或更新；厂房地面、屋顶、天花板及墙壁有破损时，应及时修补。

（2）生产、包装、储存等设备及工器具、生产用管道、裸露食品接触表面等应定期清洁消毒。

3. 食品加工人员健康管理与卫生要求

（1）食品加工人员健康管理

① 应建立并执行食品加工人员健康管理制度。

②食品加工人员每年应进行健康检查，取得健康证明；上岗前应接受卫生培训。

③食品加工人员如患有痢疾、伤寒、甲型病毒性肝炎、戊型病毒性肝炎等消化道传染病，以及患有活动性肺结核、化脓性或者渗出性皮肤病等有碍食品安全的疾病，或有明显皮肤损伤未愈合的，应当调整到其他不影响食品安全的工作岗位。

（2）食品加工人员卫生要求

①进入食品生产场所前应整理个人卫生，防止污染食品。

②进入作业区域应规范穿着洁净的工作服，并按要求洗手、消毒；头发应藏于工作帽内或使用发网约束。

③进入作业区域不应配戴饰物、手表，不应化妆、染指甲、喷洒香水；不得携带或存放与食品生产无关的个人用品。

④使用卫生间、接触可能污染食品的物品或从事与食品生产无关的其他活动后，再次从事接触食品、食品工器具、食品设备等与食品生产相关的活动前应洗手消毒。

（3）来访者　非食品加工人员不得进入食品生产场所，特殊情况下进入时应遵守和食品加工人员同样的卫生要求。

4. 虫害控制

（1）应保持建筑物完好、环境整洁，防止虫害侵入及滋生。

（2）应制定和执行虫害控制措施，并定期检查。生产车间及仓库应采取有效措施（如纱帘、纱网、防鼠板、防蝇灯、风幕等），防止鼠类昆虫等侵入。当发现侵入痕迹时，应追查来源，消除隐患。

（3）应准确绘制虫害控制平面图，标明捕鼠器、粘鼠板、灭蝇灯、生化信息素捕杀装置等放置的位置。

（4）厂区应定期进行除虫灭害工作。

（5）采用物理、化学或生物制剂进行处理时，不应影响食品安全，不应污染食品接触表面、设备、工器具及包装材料。除虫灭害工作应有相应的记录。

（6）使用各类杀虫剂或其他药剂前，应做好预防措施避免对人身、食品、设具造成污染；不慎污染时，应及时将被污染的设备、工具彻底清洁，消除污染。

5. 废弃物处理

（1）应制定废弃物存放和清除制度，有特殊要求的废弃物其处理方式应符合有关规定。废弃物应定期清除，易腐败的废弃物应尽快清除，必要时应及时清除废弃物。

（2）车间外废弃物放置场所应与食品加工场所隔离防止污染；应防止不良气味有害有毒气体逸出；应防止虫害滋生。

6. 工作服管理

（1）进入作业区域应穿着工作服。

（2）应根据食品的特点及生产工艺的要求配备专用工作服，如衣、裤、鞋靴、帽和发网等，必要时还可配备口罩、围裙、套袖、手套等。

（3）应制定工作服的清洗保洁制度，必要时应及时更换；生产中应注意保持工作服干净完好。

（4）工作服的设计、选材和制作应适应不同作业区的要求，降低交叉污染食品的风险；应合理选择工作服口袋的位置、使用的连接扣件等，降低内容物或扣件掉落污染食品的风险。

即问即答7-5

以下属于对食品原料要求的是（　　）。

A. 采购的食品原料应当查验供货者的许可证和产品合格证明文件

B. 食品原料必须经过验收合格后方可使用

C. 食品原料仓库应设专人管理，建立管理制度

D. 食品原料只要不腐烂变质即可

（六）食品原料、食品添加剂和食品相关产品

1. 一般要求

应建立食品原料、食品添加剂和食品相关产品的采购、验收、运输和储存管理制度，确保所使用的食品原料、食品添加剂和食品相关产品符合国家有关要求。不得将任何危害人体健康和生命安全的物质添加到食品中。

2. 食品原料

（1）采购的食品原料应当查验供货者的许可证和产品合格证明文件；对无法提供合格证明文件的食品原料，应当依照食品安全标准进行检验。

（2）食品原料必须经过验收合格后方可使用。经验收不合格的食品原料应在指定区域与合格品分开放置并明显标记，并应及时进行退、换货等处理。

（3）加工前宜进行感官检验，必要时应进行实验室检验；检验发现涉及食品安全项目指标异常的不得使用；只应使用确定适用的食品原料。

（4）食品原料运输及储存中应避免日光直射、备有防雨防尘设施；根据食品原料的特点和卫生需要，必要时还应具备保温、冷藏、保鲜等设施。

（5）食品原料运输工具和容器应保持清洁、维护良好，必要时应进行消毒。食品原料不得与有毒、有害物品同时装运，避免污染食品原料。

（6）食品原料仓库应设专人管理，建立管理制度，定期检查质量和卫生情况，及时清理变质或超过保质期的食品原料。仓库出货顺序应遵循“先进先出”的原则，必要时应根据不同食品原料的特性确定出货顺序。

3. 食品添加剂

（1）采购食品添加剂应当查验供货者的许可证和产品合格证明文件。食品添加剂必须经过验收合格后方可使用。

（2）运输食品添加剂的工具和容器应保持清洁、维护良好，并能提供必要的保护，避免污染食品添加剂。

（3）食品添加剂的储存应有专人管理，定期检查质量和卫生情况，及时清理变质或超过保质期的食品添加剂。仓库出货顺序应遵循“先进先出”的原则，必要时应根据食品添加剂的特性确定出货顺序。

4. 食品相关产品

（1）采购食品包装材料、容器、洗涤剂、消毒剂等食品相关产品应当查验产品的合格证明文件，实行许可管理的食品相关产品还应查验供货者的许可证。食品包装材料等食品相关产品必须经过验收合格后方可使用。

（2）运输食品相关产品的工具和容器应保持清洁、维护良好，并能提供必要的保护，

避免污染食品原料和交叉污染。

（3）食品相关产品的储存应有专人管理，定期检查质量和卫生情况，及时清理变质或超过保质期的食品相关产品。仓库出货顺序应遵循“先进先出”的原则。

5. 其他

（1）盛装食品原料、食品添加剂、直接接触食品的包装材料的包装或容器，其材质应稳定、无毒无害，不易受污染，符合卫生要求。

（2）食品原料、食品添加剂和食品包装材料等进入生产区域时应有一定的缓冲区域或外包装清洁措施，以降低污染风险。

（七）生产过程的食品安全控制

1. 产品污染风险控制

（1）应通过危害分析方法明确生产过程中的食品安全关键环节，并设立食品安全关键环节的控制措施。在关键环节所在区域，应配备相关的文件以落实控制措施，如配料（投料）表、岗位操作规程等。

（2）鼓励采用危害分析与关键控制点体系（HACCP）对生产过程进行食品安全控制。

2. 生物污染的控制

（1）清洁和消毒

①应根据原料、产品和工艺的特点，针对生产设备和环境制定有效的清洁消毒制度，降低微生物污染的风险。

②清洁消毒制度应包括以下内容：清洁消毒的区域、设备或器具名称；清洁消毒工作的职责；使用的洗涤、消毒剂；清洁消毒方法和频率；清洁消毒效果的验证及不符合的处理；清洁消毒工作及监控记录。

③应确保实施清洁消毒制度，如实记录，及时验证消毒效果，发现问题及时纠正。

（2）食品加工过程的微生物监控

①根据产品特点确定关键控制环节进行微生物监控；必要时应建立食品加工过程的微生物监控程序，包括生产环境的微生物监控和过程产品的微生物监控。

②食品加工过程的微生物监控程序应包括：微生物监控指标、取样点、监控频率、取样和检测方法、评判原则和整改措施等，结合生产工艺及产品特点制定。

③微生物监控应包括致病菌监控和指示菌监控，食品加工过程的微生物监控结果应能反映食品加工过程中对微生物污染的控制水平。

3. 化学污染的控制

（1）应建立防止化学污染的管理制度，分析可能的污染源和污染途径，制定适当的控制计划和控制程序。

（2）应当建立食品添加剂和食品工业用加工助剂的使用制度，按照GB 2760—2014《食品安全国家标准　食品添加剂使用标准》的要求使用食品添加剂。

（3）不得在食品加工中添加食品添加剂以外的非食用化学物质和其他可能危害人体健康的物质。

（4）生产设备上可能直接或间接接触食品的活动部件若需润滑，应当使用食用油脂或能保证食品安全要求的其他油脂。

（5）建立清洁剂、消毒剂等化学品的使用制度。除清洁消毒必须和工艺需要，不应在生产场所使用和存放可能污染食品的化学制剂。

（6）食品添加剂、清洁剂、消毒剂等均应采用适宜的容器妥善保存，且应明显标示、分类储存；领用时应准确计量、做好使用记录。

（7）应当关注食品在加工过程中可能产生有害物质的情况，鼓励采取有效措施降低其风险。

4. 物理污染的控制

（1）应建立防止异物污染的管理制度，分析可能的污染源和污染途径，并制定相应的控制计划和控制程序。

（2）应通过采取设备维护、卫生管理、现场管理、外来人员管理及加工过程监督等措施，最大程度地降低食品受到玻璃、金属、塑胶等异物污染的风险。

（3）应采取设置筛网、捕集器、磁铁、金属检查器等有效措施降低金属或其他异物污染食品的风险。

（4）当进行现场维修、维护及施工等工作时，应采取适当措施避免异物、异味、碎屑等污染食品。

5. 包装

（1）食品包装应能在正常的储存、运输、销售条件下最大限度地保护食品的安全性和食品品质。

（2）使用包装材料时应核对标识，避免误用；应如实记录包装材料的使用情况。

（八）检验

（1）应通过自行检验或委托具备相应资质的食品检验机构对原料和产品进行检验，建立食品出厂检验记录制度。

（2）自行检验应具备与所检项目适应的检验室和检验能力；由具有相应资质的检验人员按规定的检验方法检验；检验仪器设备应按期检定。

（3）检验室应有完善的管理制度，妥善保存各项检验的原始记录和检验报告。应建立产品留样制度，及时保留样品。

（4）应综合考虑产品特性、工艺特点、原料控制情况等因素合理确定检验项目和检验频次以有效验证生产过程中的控制措施。净含量、感官要求以及其他容易受生产过程影响而变化的检验项目的检验频次应大于其他检验项目。

（5）同一品种不同包装的产品，不受包装规格和包装形式影响的检验项目可以一并检验。

（九）食品的储存和运输

（1）根据食品的特点和卫生需要选择适宜的储存和运输条件，必要时应配备保温、冷藏、保鲜等设施。不得将食品与有毒、有害或有异味的物品一同储存运输。

（2）应建立和执行适当的仓储制度，发现异常应及时处理。

（3）储存、运输和装卸食品的容器、工器具和设备应当安全、无害，保持清洁，降低食品污染的风险。

（4）储存和运输过程中应避免日光直射、雨淋、显著的温湿度变化和剧烈撞击等，防止食品受到不良影响。

（十）产品召回管理

（1）应根据国家有关规定建立产品召回制度。

（2）当发现生产的食品不符合食品安全标准或存在其他不适于食用的情况时，应当立即停止生产，召回已经上市销售的食品，通知相关生产经营者和消费者，并记录召回和通知情况。

（3）对被召回的食品，应当进行无害化处理或者予以销毁，防止其再次流入市场。对因标签、标志或者说明书不符合食品安全标准而被召回的食品，应采取能保证食品安全、且便于重新销售时向消费者明示的补救措施。

（4）应合理划分记录生产批次，采用产品批号等方式进行标示。

（十一）培训

（1）应建立食品生产相关岗位的培训制度，对食品加工人员以及相关人员进行相应的食品安全知识培训。

（2）应通过培训促进各岗位从业人员遵守食品安全相关法律法规标准和执行食品安全管理制度的意识和责任，提高相应的知识水平。

（3）应根据食品生产不同岗位的实际需求，制定和实施食品安全年度培训计划进行考核，做好培训记录。

（4）当食品安全相关的法律法规标准更新时，应及时开展培训。

（5）应定期审核和修订培训计划，评估培训效果，并进行常规检查，以确保培训计划的有效实施。

（十二）管理制度和人员

（1）应配备食品安全专业技术人员、管理人员，并建立保障食品安全的管理制度。

（2）食品安全管理制度应与生产规模、工艺技术水平和食品的种类特性相适应，应根据生产实际和实施经验不断完善食品安全管理制度。

（3）食品安全管理人员应了解食品安全的基本原则和操作规范，能够判断潜在的危险，采取适当的预防和纠正措施，确保有效管理。

（十三）记录和文件管理

（1）应建立记录制度，对食品生产中采购、加工、储存、检验、销售等环节详细记录。记录内容应完整、真实，确保对产品从原料采购到产品销售的所有环节都可进行有效追溯。

①应如实记录食品原料、食品添加剂和食品包装材料等食品相关产品的名称、规格、数量、供货者名称及联系方式、进货日期等内容。

②应如实记录食品的加工过程（包括工艺参数、环境监测等）、产品储存情况及产品的检验批号、检验日期、检验人员、检验方法、检验结果等内容。

③应如实记录出厂产品的名称、规格、数量、生产日期、生产批号、购货者名称及联系方式、检验合格单、销售日期等内容。

④应如实记录发生召回的食品名称、批次、规格、数量、发生召回的原因及后续整改方案等内容。

（2）食品原料、食品添加剂和食品包装材料等食品相关产品进货查验记录、食品出厂检验记录应由记录和审核人员复核签名，记录内容应完整。保存期限不得少于2年。

（3）应建立客户投诉处理机制。对客户提出的书面或口头意见、投诉，企业相关管理部门应做记录并查找原因，妥善处理。

①应建立文件的管理制度，对文件进行有效管理，确保各相关场所使用的文件均为有效版本。

②鼓励采用先进技术手段（如电子计算机信息系统），进行记录和文件管理。

学生活动

假如你是某食品厂的食品安全员，根据GMP原理及内容并对照GB 14881—2013《食品安全国家标准　食品生产通用卫生规范》要求，设计并编制食品企业质量管理 GMP 检查表，检查的内容包括检查项目、检查内容、检查记录、整改意见等。

项目三　卫生标准操作程序（SSOP）

学习目标

知识目标

1. 能够说出卫生标准操作程序的概念和起源。
2. 能够叙述国内外卫生标准操作程序发展现状以及在食品安全管理中的作用。
3. 能够列举卫生标准操作程序的主要内容。

技能目标

1. 能够帮助企业制定卫生标准操作程序，并能够在实践中应用。
2. 能够根据卫生标准操作程序判定标准，判定食品生产现场是否合理、规范。

素养目标

1. 能通过卫生标准程序的建立，监督和管理，树立食品安全意识，保持严谨认真的职业态度。
2. 能通过卫生标准程序的设计和制定，养成勤于思考、善于探索的创新精神。

情境导入

知名火锅品牌因“用扫帚捣制冰机”登上热搜，引发了网友们对火锅行业食品安全问题的广泛关注。3月15日，江苏广电总台融媒体新闻中心在微信公众号“江苏新闻”上发布了一段视频。视频显示，位于南京的某火锅店爆出诸多惊人的卫生问题：不用健康证就能入职工作；菇类、青菜等不清洗，上桌前淋水冒充新鲜；土豆外表已经发绿、发黑，刮掉表面继续使用；水果和肉类混用刀具案板；打扫卫生的扫帚捣制冰机冰块；碗筷洗不干净等。

思考：

本案例中的涉案火锅店违反了《中华人民共和国食品安全法》的哪一条规定？

知识导学

一、知识归纳思维导图

- 知识导学
  - 相关知识
    - 卫生标准操作程序概述
      - 卫生标准操作程序简介
      - 卫生标准操作程序的起源
      - GMP、SSOP、HACCP的关系
    - 卫生标准操作程序的内容
      - 水（冰）的安全
        - 水中可能存在的危害及标准
        - 供水来源
        - 水质要求与处理
        - 水质监测
        - 供水设施
        - 废水排放与污水处理
        - 用冰安全
      - 食品接触表面的卫生
        - 食品接触表面的材料要求
        - 食品接触表面的清洗消毒
      - 防止交叉污染
        - 造成交叉污染的来源
        - 交叉污染的预防
      - 手的清洗消毒、厕所设备的维护与卫生保持
        - 手的清洗和消毒
        - 卫生间的要求
      - 防止食品被外来物污染
        - 外来污染物的种类
        - 外来污染物的控制
      - 有毒有害化合物处理
        - 有毒有害化合物的标记
        - 有毒有害化合物的储存管理
        - 有毒有害化合物的使用管理
      - 雇员的健康和卫生控制
      - 虫害的防治
  - 关键技能
    - 能进行食品卫生危害分析
    - 能确定食品卫生操作的监控点
    - 能准确制定食品卫生操作规程
    - 能提出预防潜在危害的措施
  - 素养教育
    - 技能点
      - 食品卫生标准操作程序的制定
    - 思政元素
      - 诚实守信
      - 公平公正
    - 实现形式
      - 案例分析法
      - 情境模拟法
      - 参观展示法

二、学习引导

资源链接：GB 14881—2013《食品安全国家标准　食品生产通用卫生规范》、GB 31621—2014《食品安全国家标准　食品经营过程卫生规范》、GB 31603—2015《食品安全国家标准　食品接触材料及制品生产通用卫生规范》等（见附录）。

卫生标准操作程序（SSOP）学习课件

必备知识

一、卫生标准操作程序概述

（一）卫生标准操作程序简介

卫生标准操作程序（Sanitation Standard Operation Procedures，SSOP）是食品企业为了满足食品安全的要求，在卫生环境和加工要求等方面所需实施的具体程序；是食品企业明确在食品生产中如何做到清洗、消毒、卫生保持的指导性文件。

（二）卫生标准操作程序的起源

20世纪90年代，美国频繁爆发食源性疾病，造成每年七百万人次感染和七千人死亡。调查数据显示，其中有大半感染或死亡的原因与肉、禽产品有关。这一结果促使美国农业部（USDA）重视肉、禽产品的生产状况，并决心建立一套涵盖生产、加工、运输、销售所有环节在内的肉禽产品生产安全措施，从而保障公众的健康。

1995年2月颁布的《美国肉、禽产品HACCP法规》中第一次提出了要求建立一种书面的常规可行程序——卫生标准操作程序（SSOP）；同年12月，美国食品与药物管理局（FDA）颁布的《美国水产品的HACCP法规》中进一步明确了SSOP必须包括的八个方面及验证等相关程序，从而建立了SSOP的完整体系。

思政园地

从卫生标准操作程序的起源可以看出，只有深刻地认识到操作规程在生产实践中的意义，并且严格执行，才是安全生产操作的必然之路。我们要从安全事故中吸取教训，"前事不忘后事之师"，只有警钟长鸣才能有效防止事故发生，在工作中要遵守职业操守和爱岗敬业的精神。

（三）GMP、SSOP、HACCP的关系

良好操作规范（Good Manufacturing Practice of Medical Products，GMP）是一种特别注重在产品生产、加工全过程中实施对产品安全与卫生的管理体系，也是一套贯穿于生产全程的措施、方法和技术要求。

卫生标准操作程序（Sanitation Standard Operation Procedures，SSOP）是食品企业为了满足食品安全的要求，在卫生环境和加工要求等方面所需实施的具体程序。

危害分析与关键控制点（Hazard Analysis and Critical Control Point，HACCP）能够确保食品在生产、加工、制造、准备和食用等过程中的安全，在危害识别、评价和控制方面是一种科学、合理和系统的方法。HACCP能够识别食品生产过程中可能发生的环节并采取适当的控制措施防止危害的发生。通过对加工过程的每一步进行监视和控制，从而降低危害发生的概率。

GMP、SSOP、HACCP三者的关系可以从图7-4看到：GMP的核心是HACCP；SSOP和其他前提计划是实施HACCP计划的基础；实施SSOP和其他前提计划及HACCP计划是GMP 法规的基本要求。

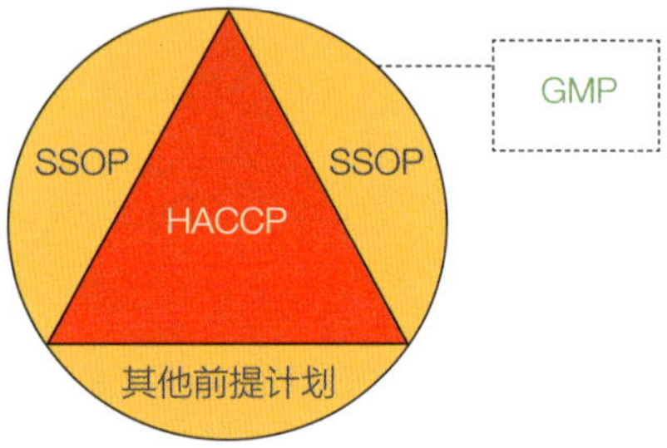

图7-4　GMP、SSOP、HACCP三者的关系图

即问即答7-6

涉及加工环境或人员等有关的危害通常是由（　　）控制的。

A. GMP　　B. SSOP　　C. HACCP　　D. ISO

二、卫生标准操作程序的内容

为确保食品在卫生状态下加工，充分保证卫生要求达到良好操作规范（GMP）的要求，食品生产加工企业应制定并实施卫生标准操作程序，加工者依据SSOP卫生控制加以实施，以消除与卫生有关的危害。根据美国FDA的要求SSOP至少包括以下八个方面。

（一）水（冰）的安全

生产用水（冰）的卫生质量是影响食品卫生的关键因素。对于任何食品的加工，首要的一点就是要保证水（冰）的安全。食品加工企业制定一个完整的卫生标准操作程序计划，首先要考虑与食品接触或与食品接触物表面接触的水（冰）的来源与处理应符合有关规定，并要考虑非生产用水及污水处理的交叉污染问题。

1. 水中可能存在的危害及标准

水中可能存在的生物性危害：细菌、病毒和寄生虫。水中可能存在的化学性危害：农药、工业污染、重金属等有害化学物质。水中可能存在的物理性危害：浮沉、胶体、可见物理污染物（沙、石、泥土等）。它们通过食物直接或间接地影响着人体健康。根据GB 5749—2022《生活饮用水卫生标准》强制检测包括微生物指标、毒理指标、放射性指标、感官性状和一般化学指标等在内的共计106项指标。

2. 供水来源

食品加工者必须提供在适宜的温度下足够的饮用水（符合GB 5749—2022《生活饮用水标准》）。

常见的供水来源有城市公共供水和自供水，自供水又由井水和海水等组成。

对于城市公共供水系统必须提供供水网络图，并清楚标明出水口编号和管道区分标记。合理地设计供水、废水和污水管道，防止饮用水与污水的交叉污染及虹吸倒流造成的交叉污染。检查时，水和下水道应追踪至交叉污染区和管道死水区域。

对于自备水井，通常要确认水井周围环境、深度，井口必须斜离水井以促进适宜的排水，并加以密封以禁止污水的进入。对储水设备（水塔、储水池、蓄水罐等）要定期进行清洗和消毒。无论是城市供水还是自备水源都必须有效地加以控制，有合格的证明后方可使用。

3. 水质要求与处理

生产中对水的处理可以采取加氯处理、臭氧处理和紫外线消毒等。食品生产用水中对水质的要求如下。

（1）食品加工中直接用于配料的水（冰）应符合我国GB 5749—2022《生活饮用水卫生标准》的要求。

（2）用于原料清洗、热烫等预处理的最后清洗或冷却用水以及用于与食品直接接触的包装材料、容器、加工工具、机械设备清洗的最后清洗用水应符合GB 5749—2022《生活饮用水卫生标准》的要求。

（3）不与食品直接接触的加工用水（如冷却水等）可以用非饮用水。

（4）饮用水可采用达到饮用水水质卫生要求的自来水；不使用自来水时，工厂应设置净水设备或消毒设施使处理后水的水质达到饮用水水质卫生要求。

（5）辅助生产用水对水质有特殊要求的（如锅炉）应达到相应的水质要求。

4. 水质监测

无论是城市公共用水还是用于食品加工的自备水源都必须充分有效地加以监控，经监管部门检验具有合格证明方可使用。

（1）企业监测项目与方法如下所述。

余氯：试纸、比色。

微生物：细菌总数和大肠菌群适用GB/T 5750.1—2023《生活饮用水标准检验方法第一部分：总则》

（2）监测频率如下所述。

企业对水余氯每天一次，一年对所有水龙头予以监测。

企业对水的微生物至少每月一次。

当地卫生部门对城市公用水全项目每年至少一次。

对自备水源监测频率要增加，全项目一年至少两次。

5. 供水设施

供水设施要完好，一旦损坏就能立即维修好，管道设计要防止冷凝水积聚滴下污染裸露的加工食品，防止饮用水管、非饮用水管及污水管间交叉污染，具体防护设施如下。

（1）设置防虹吸设备：水管离水面距离2倍于水管直径，防止水倒流。

（2）洗手水龙头设置非手动开关。

（3）加工案台等应将废水直接导入下水道装置。

（4）备有高压水枪。

（5）使用的软水管要求为浅色不易发霉的材料制成。

（6）有蓄水池（塔）的工厂，水池要有完善的防尘、防虫鼠措施，并进行定期清洗消毒。

6. 废水排放与污水处理

对于废水排放，要求地面有一定坡度易于排水，加工用水、台案或清洗消毒池的水不能直接流到地面，地沟（明沟、暗沟）要加篦子（易于清洗、不生锈），水流向要从清洁区到非清洁区，与外界接口要防异味、防蚊蝇。污水处理地点的选择应远离生产车间，符合环保规定，符合防疫规定。

7. 用冰安全

当冰与食品或食品表面相接触时，它必须以一种卫生的方式生产和储藏。因此，制冰用水必须符合饮用水标准，制冰设备卫生、无毒、不生锈，储存、运输和存放的容器卫生、无毒、不生锈。食品与不卫生的物品不能同存于冰中。冰必须防止由于人员在其上走动引起的污染，制冰机内部应检验以确保清洁并不存在交叉污染。

（二）食品接触表面的卫生

食品接触面指在正常作业情形下，由流出的液体溅在食品或食品接触面上。由于接触面是一种介质，必然会有一部分迁移进食品中，故介质要求无毒无害。保持食品接触表面清洁是为了防止污染食品。与食品接触表面一般包括直接（加工设备、工器具和台案、加工人员的手或手套、工作服等）和间接（未经清洗消毒的冷库、卫生间的门把手、垃圾箱等）两种。

1. 食品接触表面的材料要求

材料的选择需要具备无毒（无化学物的渗出）、不吸水、抗腐蚀、不与清洁剂或消毒剂产生化学反应的特点。常用的材料有不锈钢、塑料、橡胶、混凝土、瓷砖。多孔和难于清洁的木头等材料，易生锈的含铁金属、易腐蚀的黄铜或镀锌金属都不应被用作为食品接触表面。

设计和安装应易于清洁，设计和安装应无粗糙焊缝、破裂和凹陷，表里如一，以防止避开清洁和消毒化合物。在不同表面接触处应具有平滑的过渡。

2. 食品接触表面的清洗消毒

清洗是通过物理和化学方法将被清洗物品上有机物、无机物和微生物尽可能地降低到比较安全的水平。清洗彻底是保证消毒或灭菌成功的关键。消毒是指杀死病原微生物、但不一定能杀死细菌芽孢的方法。通常用化学的方法来达到消毒的作用。用于消毒的化学药物叫作消毒剂。

（1）加工设备和器具的清洗消毒　加工设备和器具的清洗消毒步骤是：①清扫（用具为扫帚、刷子）；②预冲洗；③使用清洁剂；④后冲洗；⑤消毒。首先必须进行彻底清洗（除去微生物赖以生长的营养物质、确保消毒效果），再进行冲洗，然后进行消毒（例如肉类加工企业可以使用82℃以上的热水清洗，后使用消毒剂如次氯酸钠、物理方法如紫外线、臭氧等）。加工设备和器具的清洗消毒频率为大型设备在每班加工结束之后，工器具每0.5～1h，加工设备、器具（包括手）被污染之后应立即进行清洗消毒。

工器具清洗消毒几点注意事项：①有固定的场所或区域；②推荐使用82℃以上热水，注意蒸汽排放，防止产生冷凝水；③根据被洗物的性质选择相应的清洗剂，在使用清洗剂、消毒剂时要考虑接触时间和温度，以求达到最佳效果，冲洗时要用流动的水；④注意排水问题，防止清洗剂、消毒剂溅到产品上造成污染；⑤注意科学程序，防止清洗剂、消毒剂的残留。

（2）手套和工作服卫生　手套和工作服也是食品接触表面，手套比手更容易清洗和消毒，如使用手套，每一个食品加工厂应提供适当的清洁和消毒的程序。不得使用线手套，且不易破损。工作服应集中清洗和消毒，应有专用的洗衣房，洗衣设备和能力要与实际相适应，不同区域的工作服要分开，并每天清洗消毒。不使用时它们必须存放于不被污染的地方。

（3）空气消毒　紫外线照射法：每10～15m²安装一盏30W紫外线灯，消毒时间不少于30min，低于20℃、高于40℃、湿度大于60%时，要延长消毒时间；适用于更衣室、厕所等。臭氧消毒法：一般消毒1h。适用于加工车间、更衣室等。药物熏蒸法：用过氧乙酸、甲醛，每平方米10mL，适用于冷库、保温车等。

（4）清洗消毒效果的检查和监测　为确保食品接触面的设计安装便于卫生操作，维护保养符合卫生要求，以及能及时充分地进行清洁和消毒检测对象，需要对食品接触表面的状况、食品接触表面的清洁和消毒、使用的消毒剂的类型和浓度、可能接触食品的手套和外衣是否清洁并且状态良好等方面进行检查。

监测的方式有：视觉检查（表面状况良好；表面已清洁和消毒；手套和外衣清洁及保养良好）；化学检测–消毒剂的浓度（试纸条或试剂盒）；验证检查（表面的微生物检测）。

（三）防止交叉污染

交叉污染是通过生的食品、食品加工者或食品加工环境把生物或化学的污染物转移到食品的过程。

1. 造成交叉污染的来源

造成产生交叉污染的现象主要有以下几个方面：工厂选址、设计、车间不合理；加工人员个人卫生不良；清洁消毒不当；卫生操作不当；生、熟产品未分开；原料和成品未隔离等。

2. 交叉污染的预防

（1）工厂选址和车间布局　防止交叉污染的一种方式是工厂的合理选址和车间的合理设计布局。一般在建造以前应本着减少问题的原则反复查看加工厂草图，提前与有关部门取得联系。这个问题一般是在生产线增加产量和新设备安装时发生。

车间布局要注意工艺流程布局合理，粗加工与精加工要分开、生熟分开，最好有单独的清洗消毒间；储存室如原料库、辅料库、成品库、内包装材料库、外包装材料库、化学品库、杂品库等，专库专用，产品储存区域应每日检查；人流、物流、水流和气流的走向，要从高清洁区到低清洁区，要求人走门、物走传递口。原料冷库和熟食品冷库分开是解决这种交叉污染的最好办法。

（2）食品接触表面保持清洁　车间内使用的工器具、设备应及时清洗，特别是在受到污染时必须随时清洗或更换。产品和盛放产品的容器不能落地，不同区域使用的工器具、容器、工作服应有明显的区别，并保证不随意流动。内包装材料使用前应进行必要的消毒处理。

保持重复使用的水及各种食品组分的清洁。重复使用的清洗原料或半成品的水、重复使用的接触半成品或成品的冷却用水均应及时更换，最好使用较大流量的长流水。直接加入成品（特别是熟的成品）的辅料必须事先经过消毒。

（3）加工人员卫生操作　当进入车间前、加工过程中、接触不洁物后要进行手的清洗消毒。方法是：清水洗手→取皂液→搓洗→用水冲净洗手液→将手浸入消毒液中进行消毒，并保持足够的时间→用清水冲洗→干手。确保干手纸巾的清洁卫生，在潮湿环境不提倡用热风式干手器。

要注重个人卫生，工人进入车间不能佩戴首饰，不化浓妆，要勤剪指甲，避免造成物理、化学危害和微生物生长。工人应克服不良的卫生习惯，工作服帽应清洁整齐，在车间内不能吃东西，不能乱摸物品。

（四）手的清洗消毒、厕所设备的维护与卫生保持

1. 手的清洗和消毒

（1）洗手消毒的设施　手的清洗和消毒的目的是防止交叉污染。洗手消毒的设施包括：足够数量的非手动开关的水龙头（一般10～15人一个水龙头，水龙头以膝控式、肘控式、感应自动式或脚踏式）、冷热水或预混的温水、装有皂液的皂液器、装有消毒液的消毒槽、干手设施（如热空气干手器）、流动消毒车等。清洗台的建造需要防止再污染。洗手消毒设施应设在车间入口处、车间内加工操作岗位的附近、卫生间等。要定期检查洗手消毒设施的状况，发现问题及时维修，确保洗手消毒的设施保持良好的状态，能正常使用。

（2）洗手消毒方法和频率　当每次进入车间时，加工期间每0.5～1h或手接触了污染物、废弃物后，要对手进行清洗消毒。采用七步洗手法洗手：清水洗手→皂液搓洗双手（可采用图解洗手规范，如图7-5所示）→清水洗净皂液→消毒液浸泡消毒→用清水冲洗干净→干手（建议采用自动烘干机）→酒精喷涂消毒。每天至少检查一次设施的清洁与完好，卫生监控人员巡回监督，化验室定期做表面样品微生物检验，检测消毒液的浓度。

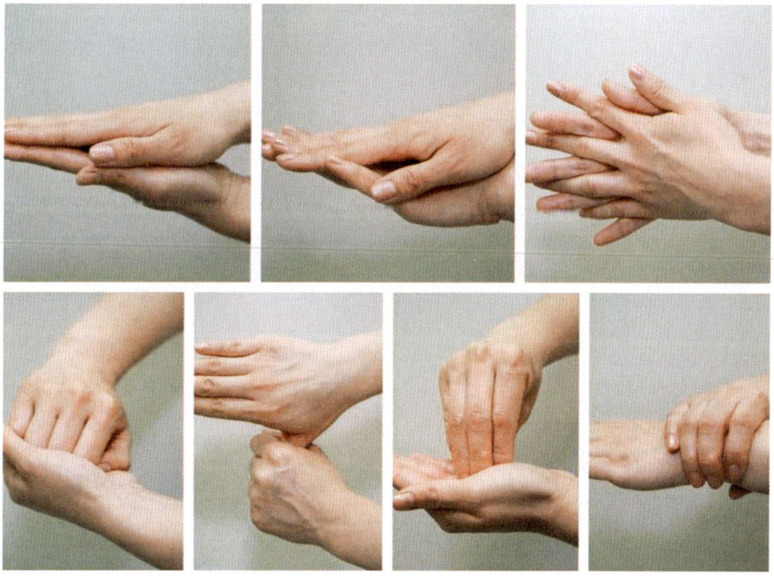

图7-5　图解式洗手规范

（3）常用消毒液　工作台上的消毒液是为了给加工人员的手或设备消毒使用，以确保微生物的最低数量，通常用的消毒液有以下几种。

① 酒精消毒液。浓度为73%～75%，采用喷涂式对手部（干手）进行消毒。

酒精消毒液建议使用食用酒精配制，需要长时间用手部接触食品的重要岗位，建议每1h进行1次酒精消毒。

② 含氯消毒液。浓度为50～100mg/kg，采用浸泡方式对手部（清洁）进行消毒。

含氯消毒液建议使用二氧化氯配制，根据配制的浓度不同，消毒浸泡时间要做相应调整。建议浓度为50mg/kg时，浸泡30s；浓度为100mg/kg时，浸泡10s。建议使用余氯试纸监测消毒液浓度，每3h左右更换一次消毒液。可根据监测结果和车间人数多少来调整更换频次。

2. 卫生间的要求

卫生间的位置要与车间相连接，使进入方便。门需要具有自动关闭功能，不能直接朝向车间，避免空中或飘浮的病原体和寄生虫进入。卫生间最好不在更衣室内，确保在更衣室脱下工作服，工作鞋后才能上厕所。卫生间要通风良好，地面干燥，整体清洁；数量要与加工人员相适应；使用蹲坑厕所或不易被污染的坐便器；配备清洁的手纸和纸篓；配备洗手及防蚊蝇设施。

对厂区、车间和办公楼的卫生间设施的状况要定期检查，发现问题及时维修，确保设施保持良好的状态，能正常使用。

即问即答7-7

对卫生间的设施要求有（　　）。

A. 位置要与车间相连接，门不能直接朝向车间

B. 数量要与加工人员相适应

C. 使用蹲坑厕所或不易被污染的坐便器

D. 配备洗手及防蚊蝇设施

（五）防止食品被外来物污染

防止食品、食品包装材料和食品所有接触面不被生物的、化学的和物理的污染物污染。加工者需要了解可能导致食品被间接或不被预见的污染，而导致食用不安全的所有途径，工厂的员工必须经过培训，达到防止和认清这些可能造成污染的间接途径，进而有效的预防和消除外来物污染。

1. 外来污染物的种类

（1）微生物性污染物　污染的水滴和冷凝水；空气中的灰尘、颗粒；溅起的污水（清洗工器具和设备的水、冲洗地面的水、其他已污染的水直接排到地面溅起的水滴等）；因不戴口罩造成的吐沫、喷嚏污染等。

（2）物理性污染物　天花板、墙壁的脱落物（涂料）；工器具上脱落的漆片、铁锈；竹木器具上脱落的硬质纤维；无保护装置的照明设备的碎片；因头发外漏而脱落的头发等。

（3）化学性污染物　润滑剂、燃料、杀虫剂、清洗剂、消毒剂等化学品。

2. 外来污染物的控制

被污染的水滴或冷凝物中可能含有致病菌、化学残留物和污物，导致产品被污染。缺少适当的通风会导致冷凝物或水滴滴落到产品、食品接触面和包装材料上。不恰当地使用化学品、清洗剂和消毒剂可能会导致食品外部污染。

（1）水滴和冷凝水的控制

①保持车间的通风，防止空调管道形成冷凝水。

②在有蒸汽产生的车间，安装适当的排气装置，防止形成水滴。

③冲洗天花板后，应及时擦干。

④控制车间温度稳定，或提前降温。

⑤天花板设计成圆弧形，使水滴顺壁流下，防止滴落。

⑥将空调风道与加工线、操作台错开，防止冷凝水滴落到产品上。

（2）防止污染的水溅到食品上

①设专用工器具清洗间，远离加工线或操作台。

②车间内没有产品时才能冲洗台面、地面。

③车间内的洗手消毒池旁应没有产品。

④车间台面、池子中的水不能直接排到地面，应排进管道并引入下水道。

（3）包装物料的控制　包装物料仓库应有防尘设施，保持库房通风、干燥、防霉、防鼠。内、外包装分别存放。内包装间与外包装间隔离，防止外包装表面的灰尘污染产品。

（4）物理性外来杂质的控制

①车间内天花板、墙壁使用耐腐蚀、易清洗、不易脱落的材料。

②生产线上方的灯具应装有防护罩。

③加工器具、设备、操作台使用耐腐蚀、易清洗、不易脱落的材料。

④禁用竹木器具。

⑤工人禁戴耳环戒指，头发不得外露。

（5）化学性外来杂质的控制

①加工设备上使用的润滑油必须是食用级润滑油。

②有毒化学物的正确标识、保管和使用。

（六）有毒有害化合物处理

食品加工需要特定的有毒化合物如洗涤剂、消毒剂、杀虫剂、润滑剂等。没有它们食品加工无法运转，但使用时必须小心谨慎，按照说明书使用，做到正确标记、储存安全，否则会有导致企业加工的食品被污染的风险。

1. 有毒有害化合物的标记

（1）有毒有害化学物质一览表编制　首先，对食品加工企业需要的有毒化合物如洗涤剂、消毒剂、杀虫剂、润滑剂等，编写有毒有害化学物质一览表，建立试剂档案。所使用的化合物有主管部门批准生产、销售、使用说明的证明，主要成分、毒性、使用剂量和注意事项明确。

（2）容器的正确标记　原包装容器的标签应标明容器中的化学品名称，生产厂名、厂址，生产日期，批准文号，使用说明和注意事项等。剧毒物品应标有特殊的、醒目的符号。

工作容器的标签应标明容器中的化学品名称、浓度，使用说明和注意事项、有效期等。

2. 有毒有害化学物质的储存管理

有毒有害化学物质的储存注意事项有：食品级化学品与非食品级化学品分开存放；清洗剂、消毒剂与杀虫剂分开存放；一般化学品与剧毒化学品分开存放；储存区域应远离食品加工区域；化学品仓库应上锁，并有专人保管；车间使用现场的暂存应配备带锁的柜子或房间。

3. 有毒有害化学物质的使用管理

有毒有害化学物质的使用注意事项有：制定化学物品进厂验收制度和标准，建立化学物品进厂验收记录；建立化学物品台账（入库记录），以一览表的形式标明库存化学物品的名称、有效期、毒性、用途、进货日期等；建立化学物品领用、核销记录；建立化学物品使用登记记录（配制记录、用处、实际使用量、剩余配制液的处理等）；制定化学物品包装容器的回收、处理制度，不得将盛放过化学物品的容器用来包装食品；对化学物品的保管、配制的人员进行必要的培训；加强对化学物品标识、储存和使用情况的监督检查，发现问题及时纠正。

（七）雇员的健康和卫生控制

食品加工者（包括检验人员）是直接接触食品的人，其身体健康及卫生状况直接影响食品卫生质量。管理好有外伤或其他身体不适的员工，他们可能成为食品的微生物污染源。对员工的健康要求一般包括以下几点。

（1）不得患有有碍食品卫生的传染病（如肝炎、结核等）。

（2）不能有外伤。

（3）不能将化妆品、首饰等个人物品带入生产车间；必须穿戴工作服、帽、口罩、鞋等，并及时洗手消毒。

（4）应持有效的健康证，制定体检计划并设有体检档案，包括所有和加工有关的人员及管理人员，应具备良好的个人卫生习惯和卫生操作习惯。

（5）每日加工前对职工进行健康状况感官观察和手部外伤检查。发现可疑病态的，视情况令其回家休息、去医院检查或临时安排别的工作；发现手部有外伤的，可以采取戴乳胶手套的形式，也可以劝其回家休息，待症状完全消失，并确认不会对食品造成污染后，可恢复正常工作。

（6）加强对员工的教育培训，使其认识到疾病对食品卫生带来的危害，并主动汇报健康状况。

即问即答7-8

食品从业人员不得患有哪些有碍食品卫生的疾病？（　　）

A. 手部有外伤　　B. 结核病

C. 肝炎　　D. 呕吐

（八）虫害的防治

害虫主要包括啮齿类动物、鸟和昆虫等携带某种人类疾病病原菌的动物。通过害虫传播的食源性疾病数量巨大，食品和食品加工区域内保持卫生对控制害虫至关重要。

采取的主要防治措施包括：清除滋生地；车间与外界的接口处设置风幕、水幕、纱窗、门帘，适宜的挡鼠板、反水弯、还包括产区用的杀虫剂、灭蝇灯、粘鼠胶、捕鼠笼等；但不建议用灭鼠药。

学生活动

1. 假如你是一名食品安全员，要对食品接触表面的卫生进行监督和记录，请设计清洁消毒记录表（请结合消毒部位、消毒方式、消毒剂种类、处理时间、使用量、清洗消毒程序、操作人、操作时间等内容进行梳理）。

2. 假如你是一名库存管理员，请设计一份有毒有害化学品管理表，建立出入库台账（请结合实际名称、主要成分、浓度、毒性、使用说明、注意事项、生产厂家、生产日期、有效期、储存条件、进货日期、领用日期、领用量、使用用途、实际使用量、剩余量处理、使用时间、归还时间、使用人等内容进行梳理）。

项目四　食品安全管理体系（ISO 22000标准）

学习目标

知识目标

1. 能描述ISO 22000标准的概念。
2. 能解释推行ISO 22000标准的实际意义。
3. 能说出GB/T 22000—2006《食品安全管理体系　食品链中各类组织的要求》标准中的术语和定义。

技能目标

1. 能解读GB/T 22000—2006《食品安全管理体系　食品链中各类组织的要求》标准原文。
2. 能够熟练运用“管理职责”实现可测量活动。
3. 能够对“资源管理”中的工作环境做判定。
4. 能够通过有效地建立、实施、监视策划的活动，保持和验证控制措施，以实现策划、确认、监视、验证和更新等若干循环。
5. 能够通过食品安全管理体系的确认、验证和改进以达到所期望的控制水平。

素养目标

1. 能通过ISO 22000标准明确工作目标和作业方法，减少企业浪费，提升综合职业能力和素养。
2. 能通过GB/T 22000—2006《食品安全管理体系　食品链中各类组织的要求》标准中明确的管理活动职责和权限，发展个人潜能，并能以主人翁的责任感正确处理和解决问题。

情境导入

2023年7月31日中午，一位具有相关资质的食品内审员到某肉食店进行审核，发现肉食店的柜台里和台面上放满了肉食。店内有两位营业员，一位营业员正在接待顾客，另一位营业员正在处理给顾客的肉食。内审员进行了个人清洁消毒后走进肉食储备间，发现室内地面上流着污水，食物上落有苍蝇、蚊子，室内通风口紧闭，味道难闻。

思考：

在上述案例中，不符合GB/T 22000—2006《食品安全管理体系　食品链中各类组织的要求》的哪一条款？

知识导学

一、知识归纳思维导图

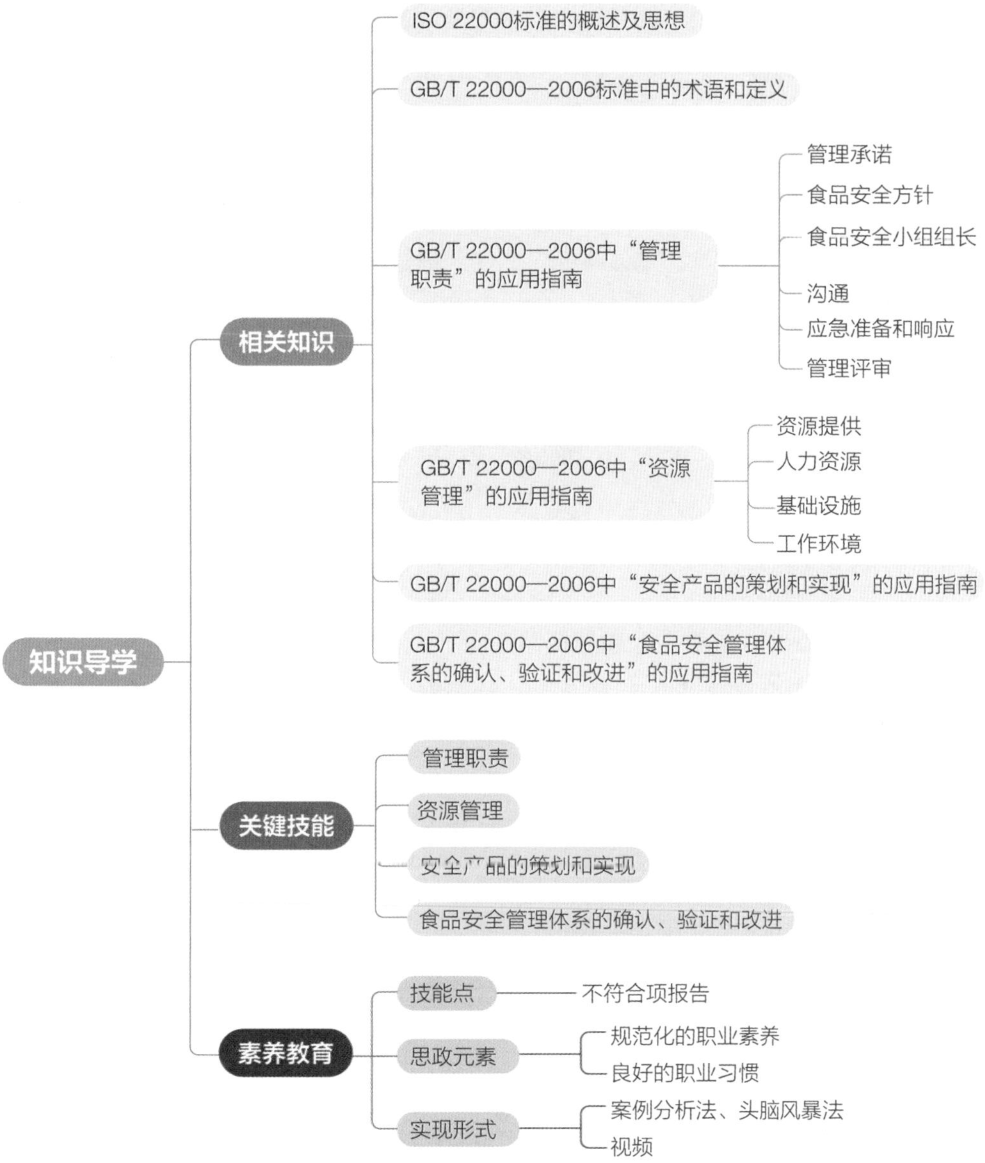

二、学习引导

资源链接：GB/T 22004—2007《食品安全管理体系 GB/T 22000—2006的应用指南》、GB/T 22000—2006《食品安全管理体系　食品链中各类组织的要求》等（见附录）。

食品安全管理体系（ISO 22000标准）学习课件

必备知识

一、ISO 22000 标准的概述及思想

食品安全管理体系（ISO）是一套实用的工具。ISO 22000标准表达了食品安全管理中的共性要求，是食品链中的各类组织通过采用该体系，可以确保其符合法律、法令、法规和（或）顾客规定的要求。一个组织的食品安全管理体系的设计和实施受许多因素的影响,特别是食品安全危害、所提供的产品、采用的过程及组织的规模和结构。

ISO 22000标准旨在保证整个生产链不存在薄弱环节，来确保食品供应的安全。ISO 22000标准既是描述食品安全管理体系要求的使用指导标准，又是可供食品生产、操作和供应的组织认证和注册的依据。

ISO 22000标准适用于农产品生产厂商、动物饲料生产厂商、食品生产厂商、批发商和零售商。它也适用于与食品有关的设备供应厂商、物流供应商、包装材料供应厂商、农业化学品和食品添加剂供应厂商、涉及食品的服务供应商和餐厅。

即问即答7-9

关于ISO 22000标准，以下说法正确的是（　　）。

A. 只适用于农产品生产厂商、动物饲料生产厂商、食品生产厂商、批发商和零售商

B. 只适用于与食品有关的设备供应厂商、物流供应商、包装材料供应厂商

C. 只适用于与食品有关的农业化学品和食品添加剂供应厂商、涉及食品的服务供应商和餐厅

D. 以上都适用

ISO 22000采用了ISO 9000族标准体系的结构，将HACCP原理作为方法应用于整个体系，明确了以危害分析作为安全食品实现策划的核心，并将国际食品法典委员会（CAC）所制定的预备步骤中的产品特性、预期用途、流程图、加工步骤与控制措施和沟通作为危害分析及其更新的输入；同时将HACCP计划及提条件、前提方案动态均衡地结合。此标准可以与其他管理标准相整合，如质量管理体系标准和环境管理体系标准等。

它是在HACCP、GMP和SSOP的基础上，同时整合了ISO 9001：2000的部分要求而形成的。ISO 22000是按照ISO 9001的框架构筑的，同时也覆盖了CAC关于HACCP的全部要求。

GB/T 22004—2007《食品安全管理体系 GB/T 22000—2006的应用指南》等同采用国际标准ISO/TS 22004：2005《食品安全管理体系ISO 22000：2005 应用指南》。

GB/T 22000—2006 旨在与GB/T 19001—2016 及其支持性标准相协调。GB/T 19001—2016提供了质量管理体系的要求，可供组织内部使用，也可用于认证或合同目的。它关注的是质量管理体系在满足顾客要求方面的有效性。同样的GB/T 22000—2006 提供了食品安全管理体系的基本要素。

二、GB/T 22000—2006 标准中的术语和定义

1. 食品安全

食品在按照预期用途进行制备和（或）食用时不会对消费者造成伤害的概念。

2. 食品链

从初级生产直至消费的各环节和操作的顺序，涉及食品及其辅料的生产、加工、分销、贮存和处理。

3. 食品安全危害

食品中所含有的对健康有潜在不良影响的生物、化学或物理的因素或食品存在状况。

4. 食品安全方针

由组织的最高管理者正式发布的该组织总的食品安全宗旨和方向。

5. 终产品

不再进一步加工或转化的产品。

6. 流程图

以图解的方式系统地表达各环节之间的顺序及相互作用。

7. 控制措施

（食品安全）能够用于防止或消除食品安全危害或将其降低到可接受水平的行动或活动。

8. 操作性前提方案

为减少食品安全危害在产品或产品加工环境中引入和（或）污染或扩散的可能性，通过危害分析确定基本的前提方案。

9. 关键控制点

（食品安全）能够进行控制，并且该控制对防止、消除食品安全危害或将其降低到可接受水平所必需的某一步骤。

10. 关键限值

区分可接收和不可接收的判定值。

11. 监视

为评估控制措施是否按预期运行，对控制参数进行策划并实施的一系列观察或测量活动。

12. 纠正

为消除已发现的不合格所采取的措施。

13. 纠正措施

为消除已发现的不合格或其他不期望情况的原因所采取的措施。

14. 确认

获取证据以证实由 HACCP 计划和操作性前提方案安排的控制施有效。

15. 验证

通过提供客观证据对规定要求已得到满足的认定。

16. 更新

为确保应用最新信息而进行的即时和（或）有计划的活动。

即问即答7-10

采取措施消除不合格的原因，并防止再次发生，属于（　　）。

A. 前提方案　　B. 纠正措施

C. 操作性前提方案　　D. 验证程序

三、GB/T 22000—2006 中“管理职责”的应用指南

1. 管理承诺

包括确定与体系建立和实施有关的意识和领导的积极行动等在内的方式，可以作为组织提供最高管理者对食品安全管理体系承诺的证据。

2. 食品安全方针

食品安全方针是每个组织食品安全管理体系的基本原则。食品安全方针规定了可测量的目标和指标。可测量的活动可以包括识别和实施，以改进体系任何方面的活动，例如减少召回或撤回的次数，减少外来异物的出现。

目标应是具体的、可测量的、可达到的相关的和有时限的。

3. 食品安全小组组长

食品安全小组组长是每个组织食品安全管理体系的核心，应是组织的成员并了解组织的食品安全事项，当食品安全小组组长在织中另有职责不应与食品安全的职相冲突。

食品安全小组组长的职责可以包括与外部有关方就食品安全管理体系的相关事宜进行联系。建议食品安全小组组长具备卫生管理和 HACCP 原理应用面的基本知识。

4. 沟通

沟通作为食品安全管理体系的一部分，包括外部沟通和内部沟通。外部沟通旨在交换信息，以确保任何相关的危害在食品链的某一环节通过相互作用得到控制。

外部沟通是指组织和外部组织以合同或其他方式，就要求的食品安全水平和按照协商要

求的交付能力达成一致的方法。组织应建立与立法、执法部门以及其他组织为通的渠道，以作为提供公众可接受的食品安全水平以及确保组织可信度的基础。指定人员在沟通技能方面的培训可能也是一个重要方面。

组织内部的沟通体系应确保参与各类操作和程序的人员获得充分的、相关的信息和数据。食品安全小组组长在组织内部就食品安全问题的沟通方面发挥着主要作用。对于新产品开发和投放市场，以及原料与辅料、生产系统与过和（或）顾客及顾客要求的预期变化,组织内部人员应以清晰且及时的方式进行沟通。应特别注意对法律法规要求发生的变化、新的或正在出现的食品安全危害以及这些新危害的控制方法进行沟通。组织的任何成员在发现可能影响食品安全的情况时应知道如何汇报。

即问即答7-11

组织应确保与整个食品链相关方的外部沟通的充分信息。组织应（　　）。

A. 与外部供应商和承包商的沟通

B. 与涉及的客户和/或消费者沟通，如合同的安排，查询和订单，包括其修改信息 客户和/或消费者的反馈，包括投诉信息等

C. 与立法和执法机构的沟通

D. 与对食品安全管理体系有效性或更新有影响或将受其影响的其他组织的沟通

5. 应急准备和响应

组织应意识到潜在的突发事件，例如：火灾、洪灾、生物恐怖主义和蓄意破坏、能源缺乏、车辆事故和环境污染。

6. 管理评审

管理评审为管理提供机会，以评估组织在满足有关食品安全方针的目标方面的绩效，以及食品安全管理体系的整体有效性。

四、GB/T 22000—2006 中“资源管理”的应用指南

1. 资源提供

为确保质量管理体系及产品符合性而提供人力资源、基础设施以及工作环境等过程。

2. 人力资源

培训应保持一定的水平，以确保所有员工了解其在食品安全管理体系中的职责。例如，培训课的详细说明应包括培训计划的内容、培训老师的姓名和资格，对被培训人员的最终评价以及再培训需求的确定等。

3. 基础设施

组织的基础设施包括建筑物、过程（加工）设备公用设施周围环境和支持性服务。

4. 工作环境

工作环境可以包括防止交叉污染的措施、工作空间的要求、防护工作服的要求以及员工设施的可用性和位置。

五、GB/T 22000—2006 中“安全产品的策划和实现”的应用指南

GB/T 22000—2006 要求组织采用动态和系统的过方法建立食品安全管理体系。这是通过有效地建立、实施、监视策划的活动，保持和验证控制措施，更新食品加工过程和加工环境，以及一旦出现不合格产品而采取适当措施来实现的。

控制措施的分组有助于将不同的管理策略用于对控制不符合的措施（包括受影响产品的处置）进行确认、监视和验证。

策划（见图7-6）的核心要素是实施危害分析，以确定那些需要控制的危害达到可接受水平所需的控制程度和可实现要求的控制措施组合为确保实现上述目的，预备步骤是必要的以提供和汇集相关的信息。危害分析确定了适宜的控制措施，并对这些措施进行分类分别由 HACCP 计划和（或）操作性前提方案来管理，这将有助于随后对有关控制措施如何实施、

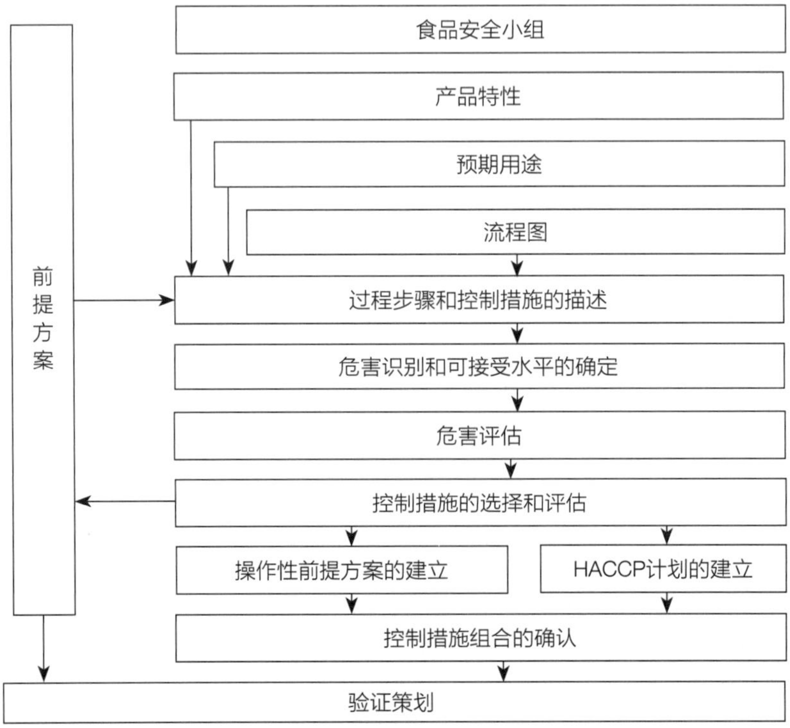

图7-6 安全食品的策划

监视、验证和更新等内容的设计。

即问即答7-12

判断ISO 22000中“安全产品的策划和实现”不分运行有策划、实施、检查和处置，自成一个PDCA循环。(　　)

A. 对　　　　B. 错

六、GB/T 22000—2006 中“食品安全管理体系的确认、验证和改进”的应用指南

GB/T 22000—2006 中表明食品安全管理体系活动是符合划的是可的有能力达到并确实达到了所期望的控制水平。

组织管理者的职责是确保食品安全管理体系的设计发挥预期的控制作用，按照设计正常运行，以及在获得新信息时得到更新。

建立食品安全管理体系应依据成熟的科学原理。这意味着收集体系策划所需信息的方式通常可以从学术机构、立法部门、商贸协会、咨询师或拥有食品加工和产品专家的任何之处获得。一旦控制措施的组合形成文件，就应被确认。

学生活动

某食品生产企业在酸奶生产过程中，发现一袋酸奶胀包。如果你是审核员，请评价并出示生产部不符合项报告。

生产部不符合项报告

编号:　　　　　　　　　　　　　　　　　　第　份　共　份

受审核方			受审核部门		
审核准则	□ISO22000-2006　□管理体系文件　□合同　□法律法规　□其他				
不符合性质	□严重　□一般	审核员		审核日期	
不符合事实描述（列出判定所引用的标准或其他文件名称、具体条款和要求）					
审核组组长:	受审核方代表签字:				
不符合原因分析					

续表

<table>
<tr><td colspan="2">拟采取的纠正及纠正措施/预防措施（请分别说明，附证实材料和企业验证的证据）</td></tr>
<tr><td colspan="2">纠正措施指定人：　　　　管代审核签字：</td></tr>
<tr><td rowspan="5">跟踪验证</td><td>验证方式：□书面验证，并在下次监督审核时进一步验证纠正/预防措施的有效性
□现场验证，验证情况记录附页（检查表）</td></tr>
<tr><td>原因分析是否正确　□是　□否</td></tr>
<tr><td>纠正是否有效　□是　□否</td></tr>
<tr><td>纠正措施/预防措施计划已制定，下次审核验证措施有效性（必要时）</td></tr>
<tr><td>审核组组长/验证人签字：　　　时间：</td></tr>
</table>

模块八 食品安全应急管理

学习目标

知识目标

1. 能说出食品安全事故管理相关要求。
2. 能正确归纳食品召回及紧急安全事故相关知识。

技能目标

1. 能根据《中华人民共和国食品安全法》《餐饮服务食品安全监督管理办法》等相关规定，合理正确地进行相关安全事故应对。
2. 能正确规范全面地完成食品安全事故应急演练方案及相关处置方案的制定。

素养目标

1. 能严格遵守食品安全法相关规定，明确自身职责，树立安全意识，积极认真应对各级各类安全事件。
2. 增强遵纪守法意识，养成认真负责的工作态度，具备严谨求实相关职业素养，顺利完成食品安全应急相关任务。

情境导入

某卫生学校发生疑似食物中毒事件，部分学生出现头晕、恶心、呕吐、腹泻等症状，还有少数学生伴有低烧发热。该市医学院附属第二医院累计接诊学生 171人。经医疗专家诊断，初步认定为疑似食物中毒。

据相关负责人介绍，事发后该校的两个食堂已全部封闭，立即启动食物中毒应急预案，迅速成立事件处理领导小组，组织医疗专家对学生进行积极救治。当晚，组织工作人员到该卫生学校就餐场所进行现场监督检查和采样，收集近几日内各餐次的食谱，采集所有剩余食品样品，采集食品加工用具涂抹样品，并对该卫生学校用水进行采样。上述样品以及在医院采集的呕吐物样品已送市疾控中心实验室检验。

思考：

本案例中该校食堂发生安全事故后处置过程是否符合相关应急预案？

知识导学

一、知识归纳思维导图

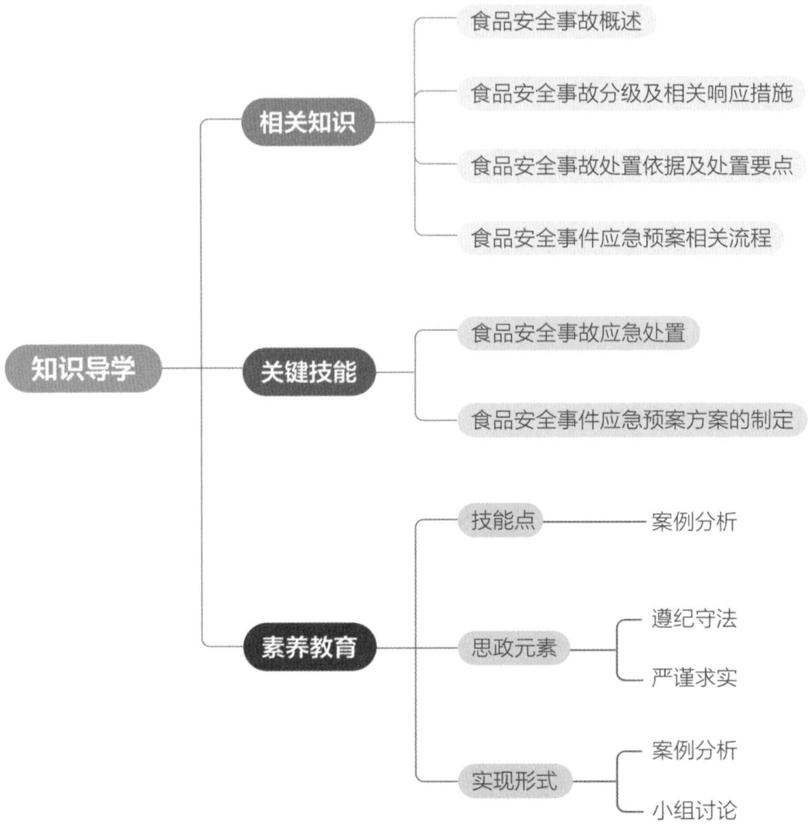

二、学习引导

资源链接：《中华人民共和国食品安全法》《中华人民共和国突发事件应对法》《突发公共卫生事件应急条例》《国家重大食品事故应急预案》等（见附录）。

食品安全应急管理学习课件

知识准备

一、食品安全事故相关知识

1. 食品安全事故概述

食品安全事故是指食物中毒、食源性疾病、食品污染等源于食品，对人体健康有危害或者可能有危害的事故。

2. 食品安全事故的特征

食品安全事故属于突发公共卫生事件的一类，具有四个特征。

（1）健康危害性　直接危害着人们的健康甚至生命。

（2）突发性　具有发生的突然性。

（3）不确定性　具有难以预测性，甚至不可预测。

（4）公共性　受害者是特定或不特定的公共人群。

即问即答8-1

以下不属于食品安全事故的有（　　）。

A. 某人发生海鲜过敏　　B. 某学校食堂发生学生食物中毒

C. 某餐馆发生菌菇中毒　　D. 某单位食堂10位员工吃完午饭晕厥

3. 食品安全事故的分级

分级的目的：为有效应对食品安全事故，对食品安全事故进行科学合理的分级，有利于确定属地管理为主的各级政府分级响应级别，分别采取不同的应急处理措施。

分级标准：主要根据政府应对食品安全事故的能力来确定分级标准。损失严重、影响范围较大的食品安全事故，其响应级别也越高。

4. 食品安全事故响应

食品安全事故的分级响应属地为主，分级管理。食品安全事故的分级响应相关要求见表8-1。

表8-1　食品安全事故的分级响应相关要求表

事故分级	评估指标	应急响应	启动级别
Ⅰ级	（1）受污染食品流入2个以上省份或国（境）外（含港澳台地区），造成特别严重健康损害后果的；或经评估认为事故危害特别严重的； （2）国务院认定的其他Ⅰ级食品安全事故	Ⅰ级响应	国家级

续表

事故分级	评估指标	应急响应	启动级别
Ⅱ级	（1）受污染食品流入2个以上地市，造成或经评估认为可能造成对社会公众健康产生严重损害的食物中毒或食源性疾病的； （2）发现在我国首次出现的新的污染物引起的食源性疾病，造成严重健康损害后果，并有扩散趋势的； （3）1起食物中毒事件中毒人数在100人以上并出现死亡病例；或出现10人以上死亡的； （4）省级以上人民政府认定的其他Ⅱ级食品安全事故	Ⅱ级响应	省级
Ⅲ级	（1）受污染食品流入2个以上县（市），已造成严重健康损害后果的； （2）1起食物中毒事件中毒人数在100人以上；或出现死亡病例； （3）市（地）级以上人民政府认定的其他Ⅲ级食品安全事故	Ⅲ级响应	市（地）级
Ⅳ级	（1）存在健康损害的污染食品，已造成严重健康损害后果的； （2）1起食物中毒事件中毒人数在99人以下，且未出现死亡病例 （3）县级以上人民政府认定的其他Ⅳ级食品安全事故	必要时启动Ⅳ级响应	县（市、区）级

食品安全事故响应的升级与降级：当重大食品安全事故随时间发展进一步加重，食品安全事故危害特别严重，并有蔓延扩大的趋势，情况复杂难以控制时，应当上报指挥部审定，及时提升预警和响应级别；对事故危害已迅速消除，并不会进一步扩散的，应当上报指挥部审定，降低响应级别或撤销预警。

食品安全事故响应终结：应急指挥部办公室组织有关专家进行分析论证，经现场检测评价确无危害和风险后，提出终止应急响应的建议，报应急指挥部批准宣布应急响应结束。

二、食品安全事故应急处置

1. 食品安全事故处置依据

食品安全事故处置依据结合《中华人民共和国食品安全法》及其实施条例、《中华人民共和国突发事件应对法》《突发公共卫生事件应急条例》《国家重大食品安全事故应急预案》《餐饮服务食品安全监督管理办法》《食品安全监管信息发布暂行管理办法》及地方相关食品安全管理等相关规定。

2. 食品安全事故应急处理要点

（1）事故发生单位

①食物中毒事件应急处理小组（负责本单位食品安全突发事件应急处理的组织、协调和相关责任的处理工作）应当立即组织人员迅速赶赴现场，立即停止生产经营活动，对中毒人员进行初步调查、核实。

②对病人采取紧急处理：立即拨打120，同时对病人采取紧急救助，停止食用可疑食品，紧急情况下催吐，配合医疗机构、疾病预防控制机构留取病人呕吐物、粪便等样品。

③及时报告：自事故发生之时起2h内向所在地县级人民政府卫生行政部门和食品药品监督管理部门报告。不得隐瞒、谎报、缓报。

④停止食品生产经营活动：立即停止食品生产经营活动，停止使用引发食物中毒的可疑食品及原料，召回已售出的相关食品，通知相关消费者。

⑤保护现场：安排专人对可疑食品及原料、工具、设备等进行现场保护，在调查人员到达前禁止任何人员清理使用。

⑥主动配合：配合疾控机构进行流行病学调查，提供有关资料，配合有管辖权的餐饮服务监管部门进行现场调查，按照要求提供相关资料，严格执行监管部门提出的行政控制措施。

（2）市场监管部门监督程序

①现场封存：行政控制时间为15d。

②现场食品安全监督检查：场所设施设备、工艺流程图、从业人员。

③现场卫生学调查：制作工艺、环境卫生、人员健康状况。

④采集食物及环境样品：食品、食品添加剂、食品相关产品、从业人员等相关内容。

⑤进行调查取证、证据收集：笔录、录音、拍摄等。

⑥依法调查取证，发布信息。

（3）医疗机构和疾控中心　在第一时间组派有关专业技术人员赶赴现场，按照食品安全事故处理的有关规定和工作流程协助开展食品安全事故现场调查处理工作；采集现场可疑食物进行实验室检测，并在5d内出具检验报告。

3. 食品安全事件调查相关规定

通过食品安全事件相关调查，便于更好的查明食物中毒事故发生的经过、提出采取控制食品安全事故的措施、对中毒患者进行抢救和治疗、收集对违法者实施处罚的证据、提出预防类似事故再次发生的措施和建议、积累食物中毒资料，为改善食品卫生管理提供依据。

（1）食品安全事件调查内容

①事故发生的经过、健康损害情况。

②食品原料、加工过程、工艺流程，场所环境卫生、从业人员健康和卫生状况等可能影响食品安全的相关因素，判定导致事故发生的原因。

③事故单位在食品加工过程中食品安全管理情况及遵守相关法律法规、制度规范操作规程的情况，判定事故单位责任。

④食品安全监管部门对事故单位许可和监管情况，查明事故中监管部门工作人员失职、渎职责任。

⑤检验机构、认证机构，对事故单位认证、评价、检验检测情况，判定有关机构工作人员失职、渎职责任。

⑥可能存在的潜在危害、引发事故的原因及教训、防范和整改措施，对事故责任者的处

理建议等。

（2）事故处理结果

①提交事故调查报告。

②刑事、行政处罚。

③落实防范和整改措施。

4. 食品安全事件应急预案的制定

应急预案是应对食品安全突发事故的原则性方案，它提供了处置突发事故的基本规则，是突发事故应急响应的操作指南。

应急预案相关参考流程如下。

（1）总则。

（2）组织领导体系：应急指挥部、应急指挥部办公室、专业技术机构（医疗机构、疾病预防控制机构）、专家咨询委员会等。

（3）监测、预警与报告。

（4）应急处置。

（5）现场调查与处理。

（6）善后处理。

（7）信息发布。

学生活动

1. 假如你是某餐馆安全员，请结合食品安全行业特点，编制一份食品安全应急方案。编制依据：《中华人民共和国食品安全法》及其实施条例、《中华人民共和国突发事件应对法》《国家重大食品安全事故应急预案》等。

2. 2014年2月接到群众反映，在某市水泥厂东南角出租厂房内，王某、孙某夫妇在没有取得相关手续的情况下，雇用被告人关某等十几名工人非法生产腐竹，在生产过程中非法添加"增筋剂"等有毒、有害的非食品原料，并进行大批量销售活动，销售金额为337.8367万元。

请分析上述案例，如果你是食品监督管理部门该如何进行处置？

模块九

实验室安全管理

学习目标

知识目标

1. 通过课程学习，可以准确复述实验室安全守则的内容。
2. 可以准确阐述实验室危险源的种类并描述对应解决措施。
3. 可以归纳总结防火措施并依据起火情况判断正确灭火方式。

技能目标

1. 具有准确检查实验室安全隐患情况并针对相应问题采取正确解决措施的能力。
2. 能够组织人员进行防火演习，并能正确完成灭火操作。
3. 具有应对误洒不同试剂采取正确应急措施的能力。
4. 具有依照实验室安全守则，规范完成实验操作的能力。
5. 能够依据规范，制定排查食品检验实验室建设情况的评价表。

素养目标

1. 通过小组合作探究活动，提升自我表达能力，明确自身对团队的责任与义务，培养自主探究与团队合作的精神，提升学习兴趣。
2. 通过学习实验室安全守则中的操作规程，树立严谨认真、遵章守纪、安全规范的工作态度，牢固职业规范意识和实验安全意识。

情境导入

2021年10月24日，某大学材料科学与技术学院一实验室发生爆燃，造成2死9伤。

2021年7月27日，某大学药学院发生一起实验安全事故。一博士生在清理此前毕业生遗留在烧瓶内的未知白色固体，用水冲洗时发生炸裂。炸裂产生的玻璃碎片刺穿该生手臂动脉血管。

2021年7月13日，某大学一实验室发生火情。现场一名博士后实验人员头发着火，经诊断为轻微烧伤。

2021年3月31日，某研究所发生反应釜爆炸事故，1人死亡。

2019年2月27日0时42分，某大学一实验室发生火灾。

2018年12月26日，某大学市政环境工程系学生在学校东校区2号楼环境工程实验室，进行垃圾渗滤液污水处理科研实验期间，实验现场发生爆炸，事故造成3名参与实验的学生死亡。

2016年9月21日10时30分左右，某大学实验室发生一起爆炸事故。1名学生受轻微擦伤；另外2名学生因实验爆燃致化学试剂高锰酸钾等灼伤头、面部和眼睛，面部灼伤面积均在5%左右，眼部不同程度受伤，其中1名学生已接受眼部手术。

思考：

为什么安全事故频发？事故背后，又可以从哪些方面入手进行完善提升？

知识导学

一、知识归纳思维导图

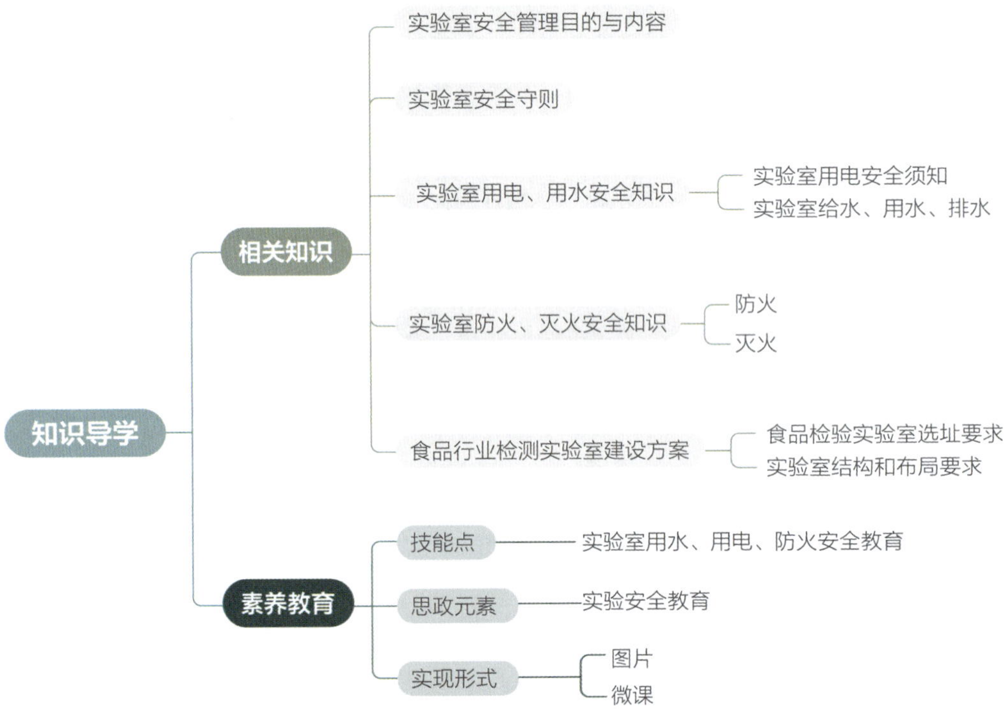

二、学习引导

资源链接：《高等学校实验室工作规程》《高等学校消防安全管理规定》《危险化学品安全管理条例》等（见附录）。

实验室安全管理学习课件

必备知识

一、实验室安全管理目的与内容

实验室安全管理是关乎实验室工作人员生命安全、周围群体财产安全和实验正常进行的一项重要保障，它是一门多学科交叉的知识面极广的综合性学科。

实验室安全包括防爆、防毒、防火、电气安全和防止环境污染等方面。实验室安全管理制度规范了实验工作人员正确使用水、电、气、仪器和化学药品，并要求其熟练掌握安全防护措施和事故应急处理办法，及时发现和处理可能发生的危险情况，有效控制实验室内的各种活动，从而建设一个安全、良好的实验室工作环境，以保护实验室工作人员生命、财产安全。

二、实验室安全守则

（1）实验室应保持卫生整洁，安全指示灯正常使用，确保安全出口畅通无障碍。

（2）实验室工作人员应保持良好的纪律，禁止喧哗、打闹，禁止在实验室做与工作无关的事。

（3）禁止在储藏有化学试剂的冰箱存储食品，禁止使用实验室仪器设备烧水做饭，禁止在存放化学试剂的场所存放食物和水杯，禁止在实验室饮水进食，实验操作后应先清洁双手再饮水进食。

（4）实验室内必须着工作服、穿长裤，禁止穿短裤、短裙，穿有保护性的鞋，禁止穿凉鞋、拖鞋等暴露脚部的鞋，避免因偶然接触化学物质对身体造成伤害。禁止在实验室使用化妆品，长发需盘起，不佩戴首饰。严禁穿工作服到实验室以外的区域，避免交叉污染。进行有毒性物质、挥发性试剂等危害物质操作实验时，必须穿戴防护口罩、手套、眼镜等器具。进行高温操作实验时，须佩戴防高温手套。

（5）只进行实验室负责人准许的实验。进行实验工作前，应掌握整套实验流程，还需要对工作环境进行检查，确保没有影响实验的物品，遵照规范进行实验。操作中严禁擅离工作岗位，从事与本职工作无关的活动，必须离开时务必获得准许且委托专人负责照看。

（6）若实验过程中发生事故，无论大小，应立即向实验室负责人报告。切断电源、气源，抢救人员，排除事故。

（7）实验室所有设备都应符合标准要求，保证实验结果的真实准确，指定设备责任人，对设备进行维护、保养和检查，保障设备安全稳定运转。贵重仪器应建立仪器档案，并配有使用说明书、操作说明、注意事项、保养方法及使用登记簿。不得在未经实验室负责人或设备管理员准许的情况下，使用不熟悉的、无使用说明书的仪器设备，严禁任意搬动仪器，搬动仪器应做好防护措施，避免对仪器造成震动、撞击。

（8）禁止在放置电炉或电热板等加热器的通风橱下或通风橱中储存易燃、易挥发的溶剂，以避免爆炸。

（9）严格执行危险、易制毒化学品相关管理制度，各种物品按要求分区存放，落实“三双”制度，设置明显标志，实验室库房内严禁明火，以防引发火灾。

（10）实验室内所有试剂瓶必须粘贴与内容物一致的标签，配制的试剂应按规定标明试剂名称、试剂浓度、配制时间、配制人等相关信息，按照储存要求存放试剂。不使用无标签、性质不明的未知试剂，不得直接用手接触或用口尝、直接鼻嗅的方式鉴别未知试剂。未经允许，禁止接触装有潜在危害的容器，如果由于需要必须移动这些化学物质，必须获得总负责人或保管员允许。

（11）实验完毕后，清洁整理使用的所有仪器、试剂及实验用品，将用过的仪器、试剂归位，清理实验台。废液及废弃物放置在规定处理地点。做好实验室卫生，各项卫生指标应达到实验室规范要求，并及时关闭水源、气源、电源，关好门窗，方可离开实验室。

（12）离开实验室前须清洁双手，脱下防护服、实验服装及手套等实验用具。

三、实验室用电、用水安全知识

1. 实验室用电安全须知

实验室电气设备和线路设施的实施要根据用电规程和设备要求进行，禁止使用不合格的电气设备和电源插座。禁止将电线头直接插入插座内使用。禁止使用绝缘损坏或老化的线路及电器设备，保持电器及电线的干燥。禁止乱接、乱拉电线，禁止私接临时供电线路，室内不得有裸露的电线，所有电线建议铺设线槽，以防直接接触地面。禁止在电器开关箱内及下面存放物品。保障实验室电源电压稳定输出，在一个插座上不可接过多的电器以防超载，同时使用多种电器设备时，确保总用电量和分线用电量均小于最大负荷，另外，实验室应配备空气开关和必要的漏电保护器，实验室电源要有地线。精密仪器需要配置不间断电源（UPS电源）和交流稳压电源以保障设备性能稳定运行，还应有静电保护措施。实验室照明和设备用电要分开，各项电源要相互匹配。定期检查电线绝缘层是否老化，电线、插座、插头是否损坏，防止发生漏电现象，发现损坏立即更换。

遵守安全用电规程，使用闸刀开关时应规范操作，将闸刀开关置于完全闭合或完全拉断的位置，不能若即若离，以防接触不良打火花，发生危险事故。使用高压电源工作时，要穿戴绝缘鞋、绝缘手套并站在绝缘垫上，以防发生危险。新购的电器必须全面检查，确认没有问题并接好地线后方可使用。

实验前应先检查用电设备以及线路是否良好，再接通电源。实验室仪器工作期间，必须有负责的工作人员在场，工作人员离开实验室或突然断电，应及时关闭电源。如发现打火花、焦煳味等，应立即切断电源。仪器异响时，应立即停止使用，查明原因排除隐患后再启动。电源或电器的保险丝烧断时，应先查明原因，故障排除后再按原负荷换上适宜的保险丝。绝不允许用非保险丝如铁丝、铜丝等代替保险丝。实验结束后，关闭仪器设备后再关闭电源，清理擦拭仪器设备前，务必确保已切断设备的全部电源。操作人员手上有水或潮湿时禁止接触开关电源并接触电器设备，以防发生危险。

2. 实验室给水、用水、排水

实验室给水系统包括实验给水系统、生活给水系统和消防给水系统三部分，实验给水系统分为一般实验用水与实验用纯水，其中，实验用纯水系统属于独立的给水系统。设计实验室给水系统时，要统筹考虑日常实验需求以及高层安全供水问题，保证满足必要的压力、水质和水量，必要时设置屋顶水泵、水箱或增加加压设置，并通过选取直接供水方式、设有高位水箱的给水方式、设有加压水泵的给水方式等多种给水方式，以满足不同用水需求。从给水干管引入实验室的支管上应装设阀门。实验室内部管道应合理布局，管道线应满足需求的前提下尽量短，并避免交叉。管道尽量暗装，以满足更高的安全性，同时可以避免积累灰尘，但应在控制阀门的位置设置检修口，以便于检修维护。GB 50346—2011《生物安全实验室建筑技术规范》第6.2.5条、GBZ 1—2010《工业企业设计卫生标准》第6.1.7条、HG 20571—2014《化工企业安全卫生设计规范》第5.1.6条等条例都规定实验室应设置紧急冲眼装置、紧急喷淋装置等安全防护措施，以应对突发伤害。在靠近实验室出口处应设置洗手池。

实验室排水系统应该根据排出废水的性质、成分、浓度、水量和受污程度等确定。对于实验室的冷却排水和其他受污染不严重的废水可以直接排放。有害物质的排放应经废水处理，达到相应的国家标准后才可排放。排水管道的设置同样需要合理布局，管道线应满足需求的前提下尽量短，并避免交叉。污染区特别是致病微生物严重污染区域的排水管应明设，内壁光滑，并与墙壁保持一定距离，以便检查维修。对于三级和四级生物安全实验室的主实验室应设独立的排水支管，并应安装阀门。

四、实验室防火、灭火安全知识

1. 防火

实验室使用的电源电压、电流量应与仪器用电要求匹配，熔断装置完好，有接地线要求的仪器需保证良好的接地条件，防止产生静电。电气线路的选材应与用电负荷相适应，电气设备不应超负荷运行或带故障使用，每年进行一次电气防火检测。在使用可燃气体并可能发生泄漏的场所设置可燃气体探测报警系统、电气火灾监控系统加强监测。实验室内的通道不得堆放杂物，保持紧急通道的通畅。严禁在实验室内吸烟或违章使用明火。

实验室中易燃、易爆品必须妥善保存，使用易燃易爆品时，应确保周围没有火源。加热可燃液体时，禁止用火直接加热，可用水浴加热。实验室应配置灭火毯、消防沙、灭火器材，灭火器材固定放置在位置明显、便于取用的地方，并要定期检查其性能。

2. 灭火

首先防止火势扩大，移走可燃物，关闭电源，停止通风。若火势不大，针对着火源的性质，采取相应的灭火措施，如减少空气中氧含量的窒息灭火法、降低燃烧物质温度的冷却灭火法、隔离与火源相近可燃物质的隔离灭火法、消除燃烧过程中自由基的抑制灭火法扑救。应注意化学品的性质如遇水发生剧烈反应以及比水轻的有机溶剂不能用水扑救。若火势较大，应马上报警，并迅速有序撤离。

五、食品行业检测实验室建设方案

1. 食品检验实验室选址要求

实验室应选择在光线充足、通风良好的干净整洁场所，远离生活区、锅炉房与交通要道，同时要与生产车间有一定距离，但不可太远，以方便抽样与检验。

2. 实验室结构和布局要求

一般工厂应设置综合实验室兼具细菌与理化检验，主要包括以下三大部分：办公室、细菌实验室、理化分析实验室。

办公室：是工作人员行政办公区域，可以进行原始记录等各项工作，办公室应设在整体综合化验室的最外层，只需有桌、椅、电脑等简单办公用品即可。

细菌实验室又可分为洗涤消毒室、培养基制作室、无菌室和细菌检验操作室。

洗涤消毒室：面积应大于10m^2，该实验室应配备上下水网畅通的洗涤池、用于放置洗涤好的器皿的器皿柜和实验台、高压灭菌锅、换气扇或通风橱等，以满足洗涤、消毒的功能。除上述基本设备设施外，还可以配置蒸馏水产生装置。

培养基制作室：培养基制作室是用于配制培养基及检验用试剂的场所，该操作室应配备用于存放药品和试剂的药品柜；由耐高热、耐酸碱材料制作而成的边台，用于操作；边台上要放置用于熔化煮沸培养基的电炉以及用于称取药品的天平。

无菌室：是处理样本和接种培养的场所，由空气净化和空间消毒创造一个相对无菌的实验环境。无菌室应六面平整光滑、无缝隙，以便清洗消毒。无菌室入口需要避开走廊，一般设于微生物实验室内，安装拉门，以减少空气的波动。并用缓冲间与操作室隔开，缓冲间与无菌室要错开门向，以免气流带进杂菌。缓冲间应有洗手盆、消毒液、全自动洗手烘干机、自动手消毒器、无菌衣、帽、口罩、手套、拖鞋等，不应放置培养箱和其他杂物。无菌室与缓冲间按照面积安装足够的紫外灯用以杀菌（要求每3m^2安装30W紫外灯一盏），由于紫外灯的杀菌效果受无菌室内温度和相对湿度影响，故温度最好为（25±2）℃，相对湿度为40%~60%。定期更换新的紫外灯管、更换净化系统的初效、中效、高效头，并定期进行洁净度再验证。

即问即答9-1

如果洁净区更衣室内有食物，可能导致昆虫、老鼠或其他动物进入更衣室。(　　)

细菌检验操作室：主要承担细菌的培养与检验的功能，需要配备耐热、耐酸碱的实验台，实验台应在实验室中心位置，有充足光线，并在实验台的两侧加装水龙头及台盆，按照工作需求实验台中间可设置试剂架，架上装有日光灯与插座等配套措施。

理化分析实验室：理化分析实验室主要承担物理化学分析的功能，又可以分为理化分析室和仪器室。理化分析室需要配备耐热、耐酸碱的实验台，洗涮池，以及能满足加热、消化、干燥、烧灼和化学处理等工作需要的通风柜。仪器室需要达到清洁干燥、防潮防虫、避光的条件，并配备牢固的仪器台，可以放置显微镜、电子天平及理化分析用小型仪器。

即问即答9-2

质检人员和机修人员进入洁净区也应按规定的程序更换相应的洁净衣。(　　)

学生活动

假如你是某食品厂的食品安全员，现在正在食品加工车间，根据审核计划的安排将要参加食品检验实验室的审核，请对照相关规范要求，指出现场场景中存在的不规范之处，提出整改意见，并编制表格进行分析评价。

模块十

食品质量管理设计与常用工具

学习目标

知识目标

1. 通过课程学习，可以准确复述食品质量管理设计包括的制度规范。
2. 可以准确列举食品质量管理常用工具的种类。
3. 可以自主概括排列图的绘制流程。

技能目标

1. 能根据数据的特点，正确选择质量管理工具进行分析。
2. 会熟练绘制检查表，模拟生产过程现场审核并对检查表进行分析评价。
3. 能依法处理食品安全事故。
4. 会正确绘制因果分析图，并分析造成质量问题的原因。
5. 能准确进行数据记录与处理，并正确评价食品生产过程是否符合标准。

素养目标

1. 通过学习《中华人民共和国食品安全法》，增强法制观念，提升规则意识和法制意识，养成依法生产的习惯，践行社会主义核心价值观。
2. 通过依据食品质量管理工具完成食品质量的分析确认，提升分析问题、解决问题的能力，培养逻辑思维能力，加强理论知识与实际工作间的迁移能力。

情境导入

据北京市市场监督管理局网站消息，北京某超市有限公司丰台店，因销售超过保质期的酸奶、鱼丸，未严格建立食品进货查验记录制度，经营上述过期食品无专用工具设备，被北京市丰台区市场监督管理局处以罚款20000元，并没收违法所得332.49元。

思考：

本案例中北京该超市有限公司丰台店违反了《中华人民共和国食品安全法》的哪一条款？你又有哪些思考？

知识导学

一、知识归纳思维导图

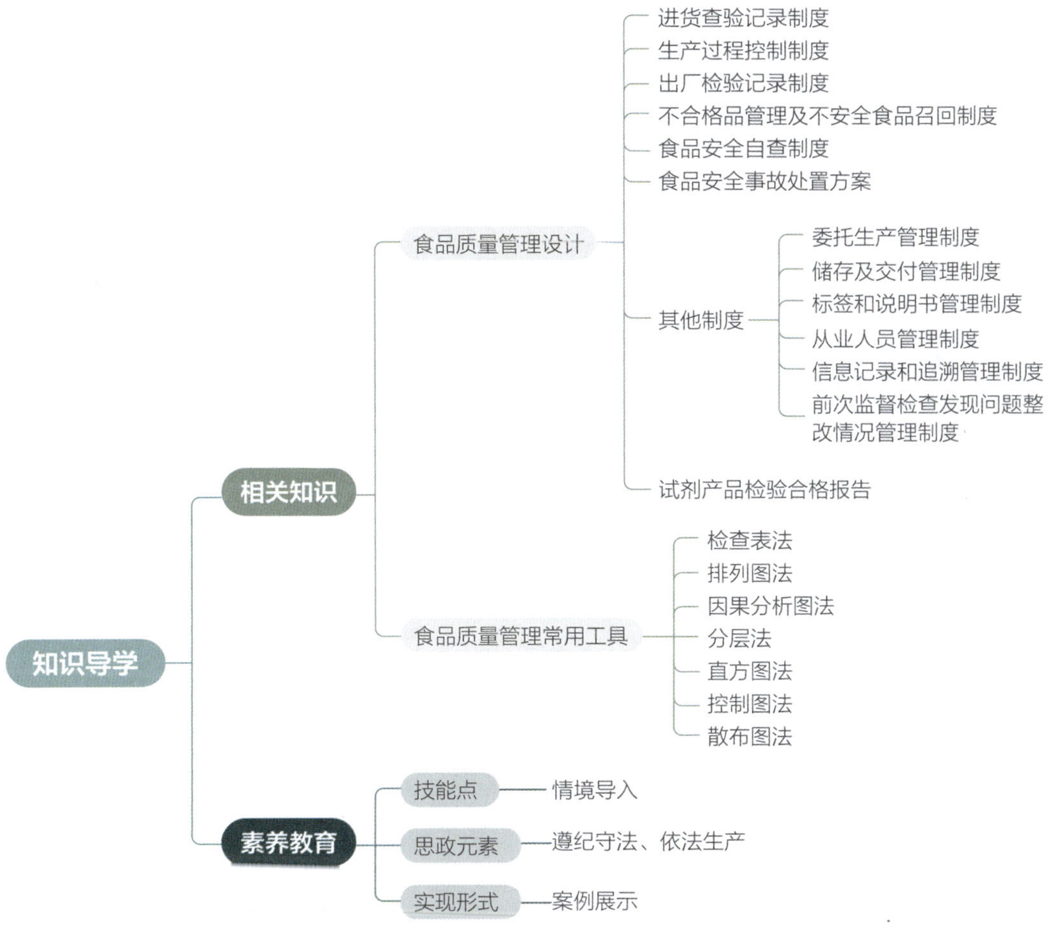

二、学习引导

资源链接：《中华人民共和国食品安全法》《食品生产许可管理办法》等（见附录）。

食品质量管理设计与常用工具学习课件

必备知识

一、食品质量管理设计

食品在食用之前，经历了从农田收获到餐桌的漫长过程，期间任何一环节都会对食品的质量造成影响，为确保食品生产的质量，我们要严把产品设计、原料供应、生产制作、物流配送、市场反馈等各项环节，构建食品质量管理体系。

（一）进货查验记录制度

应当建立进货查验记录制度，采购食品原料、食品添加剂、食品相关产品时，应当查验供货者的经营资格（如营业执照、税务登记证、组织机构代码证、食品生产许可证、流通许可证、产品合格证明文件等；对无法提供合格证明的食品原料，应具有按照食品安全标准进行检验的检验记录），记录采购的原辅料名称、规格、数量、生产日期或者生产批号、保质期、进货日期以及供货者名称、地址、联系方式等信息，进货查验记录及证明材料真实、完整，记录和凭证保存期限符合要求。

采购零星物料时可选择如超市、经销商、定点批发市场等从事流通经营单位，查验并留存加盖有公章的营业执照和食品流通许可证等复印件，留存盖有供方公章（或签字）的每笔送货单或每笔购物凭证。如采购畜禽肉类时，应当查验生产企业屠宰许可证明、动物防疫合格证明等材料，每批次来货时应提供当批次产品检验检疫合格证明原件。另外，生产特殊食品使用的原料、食品添加剂与注册或备案的技术要求一致。

建立和保存食品原料、食品添加剂、食品相关产品的储存、保管记录、领用出库和退库记录。入库前，应当查验所购产品外包装、包装标识（如产品名称、生产厂家、厂址、生产许可证编号、生产日期或批号、产品标准号、净含量、保质期等信息）是否符合规定，与购物凭证是否相符，并记录于《原料检验报告》和《入库单》中。《入库单》应当如实记录产品的名称、规格、数量、生产批号、保质期、进货日期等。

加强原辅材料的外观质量检查，对包装不严、破损或不符合卫生要求的，应及时予以处理；对过期、变质的，不得入库，并立即停止进货和使用，进行返厂或无害化处理。在进货查验时，发现产品不合格和无合法来源的，应拒绝验收，发现有假冒伪劣时，应及时报告。

即问即答10-1

从食品流通经营单位（商场、超市、批发零售市场等）和农贸市场采购畜禽肉类的，应当查验（　　）原件。

A. 生产许可证　　B. 餐饮服务许可证

C. 动物产品检疫合格证明　　D. 税务登记证

（二）生产过程控制制度

为严格控制食品加工生产过程，把控食品质量，保证消费者的身体健康和生命安全，需要建立生产过程控制制度，明确原料控制、生产关键环节控制的相关要求。

使用食品原料、食品添加剂、食品相关产品时，明确品种与索证索票、进货查验记录内容一致，并建立和保存生产投料记录，包括投料品名、生产日期或批号、使用数量等，对于生产或使用的新食品原料，限定于国务院卫生行政部门公告的新食品原料范围内。不得超范围、超限量使用食品添加剂，并且不得将非食品原料、食品添加剂以外的化学物质、回收食品、超过保质期与不符合食品安全标准的食品原料和食品添加剂投入生产。禁止使用药品生产食品，仅用于保健食品的原料不得生产保健食品以外的食品。食品添加剂生产使用的原料和生产工艺符合产品标准规定。复配食品添加剂配方发生变化的，按规定报告。

控制生产的关键环节，生产记录中的生产工艺和参数与准予食品生产许可时保持一致。建立和保存生产加工过程关键控制点的控制情况记录。生产现场不得存在人流、物流交叉污染，如加工食品与直接入口食品，原料与成品交叉污染等现象。有温、湿度等生产环境监测要求的，定期进行监测并记录。应配备必备生产设备、设施，并保持符合食品安全卫生要求的环境条件，确保产品生产符合食品安全标准。对设备进行适当的维护。包括定期检查设备和记录检修结果，及时排除故障，保持设备生产能力。开机前对设备及操作台进行消毒清洁。食品生产加工用水的水质应符合规定并有检测报告，其他不与食品接触的用水应以完全分离的管路输送。工作人员穿戴工作衣帽，洗手消毒后进入生产车间，作业需符合卫生操作规范。生产车间内不得出现与生产无关的个人用品或者其他与生产不相关物品。

对于特殊食品，按照经特殊食品注册或备案的产品配方、生产工艺等技术要求组织生产。批生产记录真实、完整、可追溯，批生产记录中的生产工艺和参数等与工艺规程和有关制度要求一致。原料、食品添加剂实际使用量与注册或备案的配方和批生产记录中的使用量一致。保健食品原料提取物或原料前处理符合要求。

不合格产品及落地产品应设固定点分别收集处理。

仓库应符合仓储要求，库内保持清洁，定期消毒，有防霉、防鼠、防虫设施。

即问即答10-2

（　　）必须专区存放，有易于识别的明显标志，并按有关规定及时处理。

A. 包装材料　　　　B. 合格品

C. 不合格品　　　　D. 待检品

（三）出厂检验记录制度

应当建立出厂检验记录制度，规定食品出厂时，出厂检验项目与食品安全标准及有关规定的项目应保持一致。查验出厂食品的检验合格证和安全状况，记录食品的名称、规格、数量、生产日期或者生产批号、保质期、检验合格证号、销售日期以及购货者名称、地址、联系方式等信息，记录应清晰、完整，能准确反应食品的质量状况，并保存好出厂检验的原始记录及检验报告。按规定保存出厂检验留存样品，留样应放存于专设的留样间内，按品种、批号分类存放，并有明显标志。

（四）不合格品管理及不安全食品召回制度

建立和保存不合格品的管理要求处置记录，不合格品的批次、数量应与记录一致。

实施不安全食品的召回，有召回计划、公告等相应记录，召回食品有处置记录，召回和处理情况向所在地市场监督管理部门报告。有召回食品无害化处理、销毁等措施，召回食品禁止再次流入市场（对因标签存在瑕疵实施召回的除外）。

（五）食品安全自查制度

建立食品安全自查制度，自查内容包括企业资质变化情况、从业人员健康管理及培训情况、原辅料进货查验落实情况、生产过程控制情况、食品出厂检验落实情况、不合格品的管理情况和不安全食品召回记录情况、食品标识标注情况、食品销售台账记录情况、产品标准执行情况等内容，并定期对食品安全状况进行检查评价。对自查发现的食品安全问题，立即采取整改、停止生产等措施，并按规定向所在地市场监督管理部门报告。

（六）食品安全事故处置方案

有定期排查食品安全风险隐患的记录。有食品安全事故处置方案，并定期检查食品安全防范措施落实情况，及时消除食品安全隐患。加强食品安全知识教育，开展食品安全的日常监测和应急演练，做到早发现，早预防，早整治，早解决。发生食品安全事故的，对导致或者可能导致食品安全事故的食品及原料、工具、设备、设施等，立即采取封存等控制措施，并向事故发生地市场监督管理部门报告。

（七）其他制度

应当按照相关法律法规、食品安全标准以及审查细则规定，建立其他保障食品安全的管理制度，如委托生产管理制度、储存及交付管理制度、标签和说明书管理制度、从业人员管理制度、信息记录和追溯管理制度、前次监督检查发现问题整改情况管理制度等。

1. 委托生产管理制度

委托方、受托方具有有效证照，委托生产的食品、食品添加剂符合法律、法规、食品安全标准等规定。签订委托生产合同，约定委托生产的食品品种、委托期限等内容。有委托方对受托方生产行为进行监督的记录。委托生产的食品标签清晰标注委托方、受托方的名称、地址、联系方式等信息。委托方持有保健食品注册证书或注册转备案凭证，受托方具备相应的生产能力且能完成生产委托品种的全部生产过程。

2. 储存及交付管理制度

食品原料、食品相关产品的储存有专人管理，储存条件符合要求。食品添加剂专库或专区储存，明显标示，专人管理。不合格品在划定区域存放，具有明显标示。根据产品特点建立和执行相适应的储存、运输及交付控制制度和记录。仓库温湿度符合要求。

有出厂记录，如实记录食品的名称、规格、数量、生产日期或者生产批号、检验合格证明、销售日期以及购货者名称、地址、联系方式等内容。

3. 标签和说明书管理制度

预包装食品的包装有标签，标签标注的事项完整、真实。不得标注虚假生产日期或批号。转基因食品、辐照食品按规定标示。

食品添加剂标签载明“食品添加剂”字样，并标明储存条件、生产者名称和地址、食品添加剂的使用范围、用量和使用方法。

食品、食品添加剂的标签、说明书不得涉及疾病预防、治疗功能，保健食品之外的食品标签、说明书不得涉及保健功能。

特殊食品标签、说明书内容与注册或备案的内容要求一致，符合相关法律法规要求。

4. 从业人员管理制度

建立企业主要负责人全面负责食品安全工作制度，配备食品安全管理人员、食品安全专业技术人员。企业负责人在企业内部制度制定、过程控制、安全培训、安全检查以及食品安全事件或事故调查等环节履行岗位职责并有记录。

具有从业人员食品安全知识培训制度，并有相关培训记录。食品安全管理人员、食品安全专业技术人员具有培训和考核记录，考核不合格人员禁止上岗。不得聘用禁止从事食品安全管理的人员。建立并执行从业人员健康管理制度，从事接触直接入口食品工作的人员具备有效健康证明，符合相关规定。

5. 信息记录和追溯管理制度

建立并实施食品安全追溯制度，并有真实、准确的相应记录。建立信息化食品安全追溯体系的，电子记录信息与纸质记录信息保持一致。

6. 前次监督检查发现问题整改情况管理制度

具有对前次监督检查发现的问题完成整改的情况记录。

（八）试剂产品检验合格报告

应当提交符合审查细则有关要求的试制产品检验合格报告。企业自检的，具备与所检项目适应的检验室和检验能力，有检验相关设备及化学试剂，检验仪器按期检定或校准。不能自检的，委托有资质的检验机构进行检验。

有与生产产品相应的食品安全标准文本，按照食品安全标准规定进行检验。建立和保存原始检验数据和检验报告记录，检验记录真实、完整，保存期限符合规定要求。按规定时限保存检验留存样品并记录留样情况。

对出厂的婴幼儿配方食品、特殊医学用途婴儿配方食品等特殊食品按照要求批批全项目自行检验，每年对全项目检验能力进行验证。

二、食品质量管理常用工具

质量管理是指以保障食品质量为核心而采取的一系列经营管理方法的一种总称。大致分为三个阶段：第一阶段是质量检验阶段，该阶段特点是仅为事后抽样检验产品，因而不能控制产品质量；第二阶段是统计质量控制阶段，该阶段特点是强调用管理统计的方法从产品质量波动中找出规律性，通过有效的措施控制生产过程各个环节保持在正常状态之中，以保证质量；第三阶段是全面质量管理阶段，通过现代科学和管理技术成果控制影响质量构成全过程的各种因素，以最经济的方法实现高质量高效益的科学管理，实现向服务对象提供满意的产品和最佳服务的目的。全面质量管理常用到七种工具，一般称为质量管理QC七大手法，通过收集和分析质量数据，分析和确定质量问题。

（一）检查表法

检查表又称记录表、调查表、统计分析表法和措施计划表法，分为记录用检查表和点检用检查表，通过将规定的图形记号填入简单、标准化的表格内，再进行统计汇总，用以收集数据，以利于进一步分析和对比检查。

1. 检查表设计注意事项

（1）应能迅速、正确、简便地收集到数据。

（2）记录时，方便使用，可在必要项目上加注记号。

（3）记录时，要考虑到层别。

（4）明确记录信息来源：检测人员、检测日期、检测方式、检测班次、检测机台，均准确记载，其他测定及检测条件也要真实记录。

（5）检查项目应适中，以4～6项为宜，其他可能发生的项目登记到“其他”栏。

2. 检查表制作步骤

明确目的→确定检查项目→确定检查频率→确定检查人员及方法→确定相关条件的记录方式→确定检查表格式→确定检查记录的符号。

（二）排列图法

排列图又名主次图或帕累托图，是通过图表的形式，把构成问题的多种因素，按照频数，由相应高低的长方形在横坐标上依次排列出来，这种统计的处理方法叫作排列图法。排列图由一个横坐标、两个纵坐标、几个矩形和一条曲线构成，横坐标表示造成问题的各个因素，按影响程度大小由左至右依次排列。左边的纵坐标表示频数，即某质量问题出现的次数，右边的纵坐标表示频率（以百分比表示），也可以将两个纵坐标都标注在左侧。曲线又名帕累托曲线，表示各影响因素的累计百分数。根据累计百分数的大小，通常将其分为三类：累计百分数在80%的因素称为A类，是造成问题发生的主要因素。累计百分数在80%～90%的因素称为B类，是造成问题发生的次要因素。累计百分数在90%～100%的因素称为C类，是造成问题发生的一般因素。

质量管理的思想基础和方法依据是PDCA循环，该循环将质量管理分为四个阶段，即Plan（计划）、Do（执行）、Check（检查）和Act（处理）。通过观察排列图，确认造成问题发生比例累计达到80%的各个变量，其为考察问题的关键因素和解决问题的方向。在PDCA循环的C阶段，做出新的排列图，与前排列图比较，若主要因素降为了次要因素，说明改进的措施发挥作用，是有效的，在新的排列图中，新升为主要因素的项目应在下个改进循环中得到解决。

1. 绘制排列图的基本步骤

（1）收集数据（可使用检查表）。

（2）制作排列图数据表，计算不合格比率，由多到少进行排序并计算累积百分比。

（3）绘制横轴与纵轴刻度，横轴上将频数由大到小依次列出各项，其中，其他项的影响程度不计大小列在最右侧。左边纵轴最大刻度是总频数，右边纵轴最大刻度为100%，保持左右纵轴最大刻度的高度一致。注意横纵坐标要均衡匀称。

（4）绘制矩形，各矩形高度代表不合格项频数的大小。

（5）绘制累计频率曲线，表示各项目的累计百分比。

（6）记录排列图名称、采集数据时间、主题等必要事项。

2. 排列图的注意事项

（1）分析排列图重点是要抓住前面占比较大的因素。

（2）排列图的分类项目不宜太少或太多，4～6项较合适，最多不超过9项。如果分类项目太多，超过9项，可划入“其他”，如果分类项目太少，做的排列图无实际意义。

（3）如果发现排列图各项目分配比例相似时，与排列图法则不符，排列图失去意义，应从其他角度收集数据再做分析。

（4）排列图是管理改善的手段而非目的，如果数据类别已经很清楚者，则无需再花时间制作排列图。

[排列图法的应用实例]

某个生产菠萝罐头生产车间的菠萝罐头质量有问题，经过调查，找到造成问题的原因和它们发生的频数，见表10-1，统计整理后见表10-2，通过绘制图表，菠萝罐头不合格项目排列图见图10-1。

表10-1　菠萝罐头不合格项调查表

不合格类型	外表面	净重	杂质	块形	真空度	二重卷边	固形物	小计
不合格数	1	45	7	4	8	1	31	97

表10-2　菠萝罐头排列图数据表

不合格类型	不合格数	累计不合格数	比率/%	累计比率/%
净重	45	45	46.4	46.4
固形物	31	76	32.0	78.4
真空度	8	84	8.2	86.6
杂质	7	91	7.2	93.8
块形	4	95	4.1	97.9
其他	2	97	2.1	100
合计	97	—	100	—

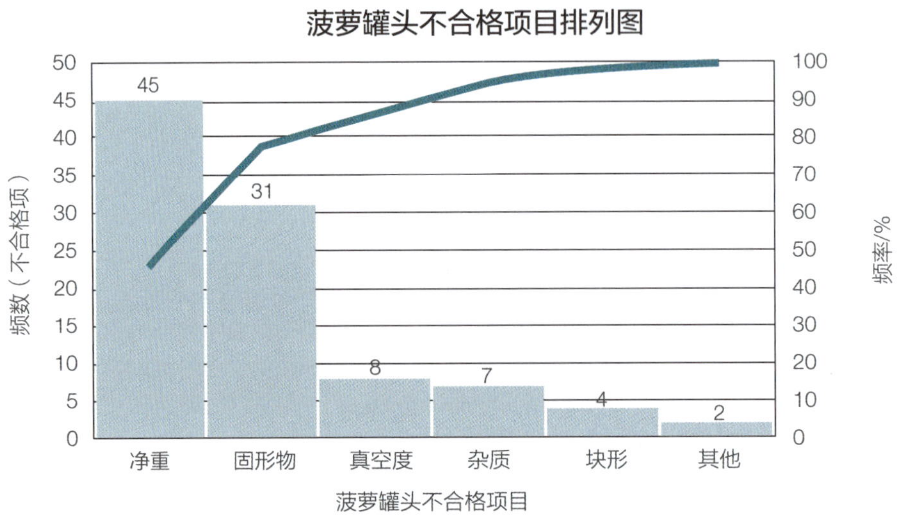

图10-1　菠萝罐头不合格项目排列图

（三）因果分析图法

因果分析图法也称为特性要因图、石川图、树枝图或鱼骨图，用来分析造成质量问题的可能原因，从而找到问题的原因和结果之间的关系的一种图形化的工具。其具体格式如图10-2所示。

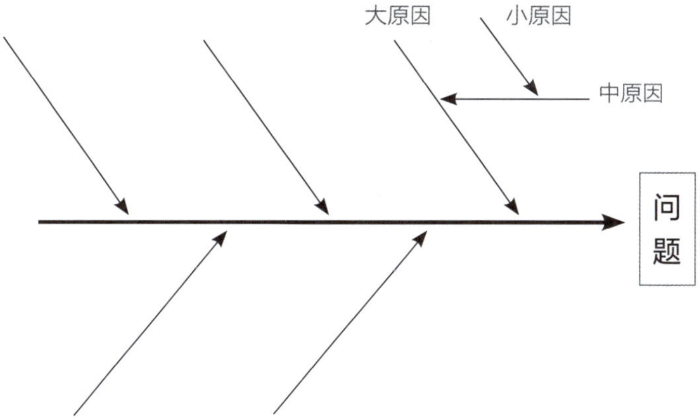

图10-2　因果分析图

绘制因果分析图，召开与问题特性有关人员参加的会议，充分发挥民主精神，集思广益，边讨论边绘制草图，各种意见都要记录下来。剖析原因时要由大到小，由粗到细，直到能够采取适当的措施为止。采用直接投票或举手表决的方式判断问题的主要原因。通常每人只准提2～3个主要问题，票数最多的确定为主要问题。用方框框起来作为标志。画好草图还要到现场进行核对，漏项的要补上，已经采取措施改进了的要取消。该方法有利于分析纵向间的因果关系，但因将大原因平行分割开，导致易忽视横向间的关系。

1. 因果图制作步骤

（1）确定需要分析的问题特性，写在最右端。

（2）画出鱼骨图的骨架。

（3）按5M1E分析法将主要原因填入鱼骨图大骨。

（4）围绕各个原因类别展开阐述，逐级分析，末端必须是可采取行动的要因。

（5）讨论分析主要原因，用粗线或其他颜色的线标注上，或者加上方框进行现场验证。

（6）记录参与讨论人员、绘制日期、绘制者等有关事项。

（7）现场调查，证实原因，依据统计找出影响要因进行确认，然后将不是的原因划掉，剩下原因制定对策表，采取相应措施进行改善。

2. 画因果分析图的注意事项

影响产品质量的大原因，通常从五个大方面去分析，即人、机器、原料、加工方法和工作环境。每个大原因再具体化成若干个中原因，中原因再具体化为小原因，越细越好，直到可以采取措施为止。

图10-3是某罐头食品企业对净重超标原因分析的因果分析图。

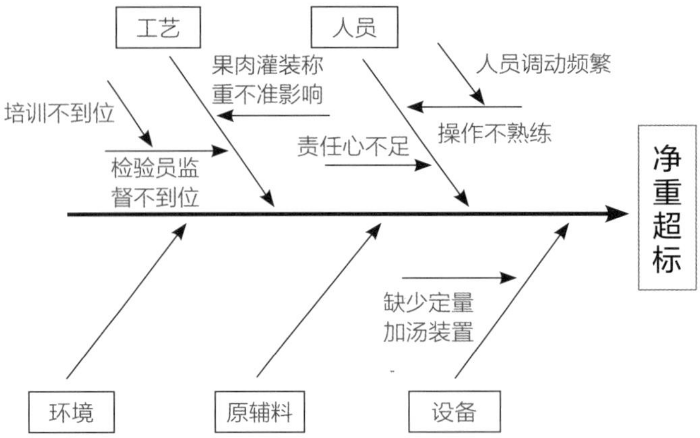

图10-3 净重超标原因分析的因果分析图

（四）分层法

分层法又称分类法或分组法，就是把搜集到的数据按照需要或一定的特征，加以分类，用于后期分析的方法。分层的原则是使同一层次内的数据波动幅度尽可能小，而层与层之间的差别尽可能大。在分析时，要注意各因素间是否存在相互影响，有无内在联系，严防不同分层方法的结论混为一谈。

（五）直方图法

直方图也叫质量分布图，它是将数据在其存在的范围分成若干区间，计算数据落入各个区间的频率并列出频数表，然后根据频数表（以组距为底边，以频数为高度）绘制成的图，用以判断生产过程质量。

1. 直方图名词解释

（1）全距　即极差，一般用R表示，其值为收集数据中的最大值与最小值之差，用于确定分组范围。

（2）组数　一般用k表示，对所研究的数据进行分组，所分组的个数就是该直方图的组数。

（3）组距　用全距除以组数得到，一般取测量单位的整数倍，以便分组。组距表示的是所分成组的跨度区间，在图上体现的则是柱子的宽度，且所有的组距都是相等的。

（4）下限值、上限值、中心值　一个组的起始点称为下限值；末点称为上限值；而中心值则是取本组最小值与最大值平均值的地方，即最大值到最小值的中心。

组的边界值单位应取最小测量值减去最小测量单位的一半作为第一组的下界限，之后再按照所计算的组距推算各组的分组界限。

2. 直方图制作步骤

（1）确定制作直方图的目的。

（2）设计检查表收集数据（一般50个以上）。

（3）求全距、组数、计算组距、计算各组的下限值、上限值和中心值。

（4）制作频数分布表。

（5）建立平面直角坐标，纵坐标为频数，横坐标为特性值，以组距为底、各组的频数为高，绘制直方图。

（6）标注制图信息，如图名、作图时间、平均值等。

3. 直方图分析

根据直方图形状的分析，可以对总体进行初步分析，直方图为正常型时，还需要比较直方图与公差限，以判断过程满足标准要求的程度。常见直方图形状分析与判断见表10-3。

表10-3　常见直方图形状分析与判断

常见类型	图例	分析判断
正常型（常态型）	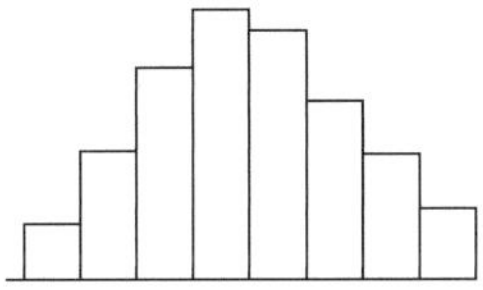	柱子显示中间高，左右均匀地分散开，实际界限处于规格值之内，表示该制程的品质处于稳定状态
锯齿型	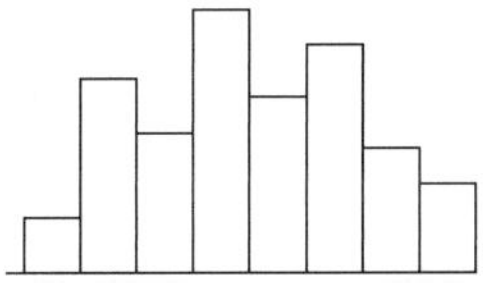	柱子无规则地长短不一，形状就像有缺损或者断裂的牙齿。 直方图制作的方法错误，比如数据分组错误、读数有问题、计算组距问题等；数据收集方法不正确，比如不同设备数据、不同人收集的数据造成
偏态型	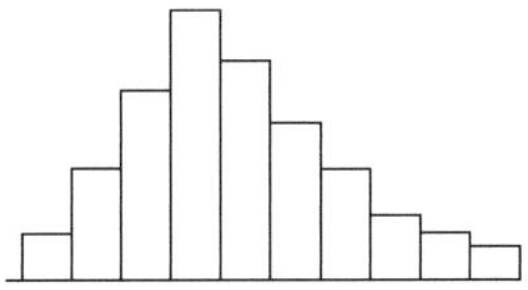	柱子在最高点左右不均匀分布，左边少右边多时称右偏态，左边多右边少时称左偏态。 由于某种原因使下限受到限制时，容易发生偏左型；由于某种原因使上限受到限制时，容易发生偏右型
绝壁型	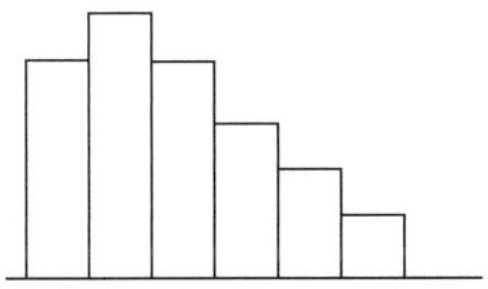	柱子从左到右呈现先低后高或从左到右呈现先高后低依次排列，这样的形态称为左绝壁型和右绝壁型；绝壁型直方图只有常态型直方图的左半边或右半边。 主要由数据收集不正常、去掉下限以下的数据、存在人为因素等问题导致

续表

常见类型	图例	分析判断
双峰型	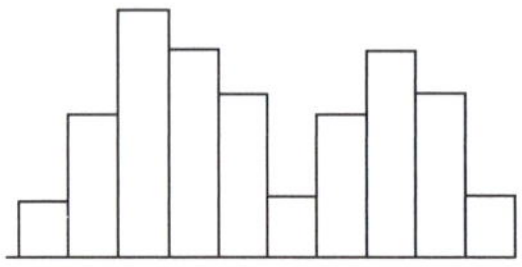	图形看起来好像是两个直方图连接在一起，左右两边各有较高的柱子，而中间的柱子较低，类似于双峰驼的驼峰。 主要由两种不同方法或两组工人生产、两方数据混淆产生所导致
高原型	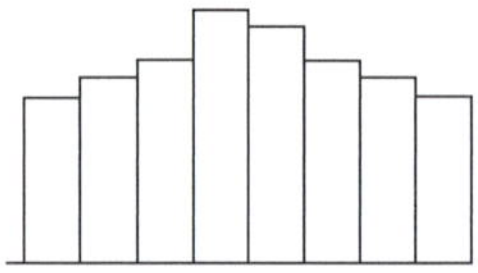	柱子高低近似，柱子间高度相差甚微，看起来有点像高原一样，称为高原型。 生产过程有刀具缓慢磨损、操作者疲劳等缓慢因素作用引起，或当数据来自几种平均值差异不大的产品，而这些产品又混在一起时，制作出来的直方图往往就是高原型
孤岛型	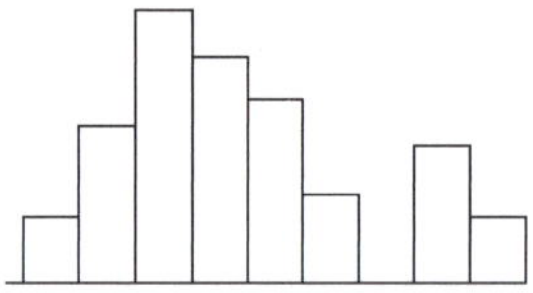	远离主分布中心的地方又出现小的直方出现某种异常，可能加工条件变化导致，例如由于测量工具存在误差、原料变化、器具严重磨损、短时间不熟练工人替岗、操作疏忽、混入不同规格的产品

即问即答10-3

建立直方图时，分组过多时得到的直方图形状会是（　　）。

A. 平顶型　　B. 孤岛型

C. 锯齿型　　D. 双峰型

（六）控制图法

控制图是用来判断过程是否处于稳定状态的带有控制界限的一种图形化工具。过程当中存在两类变差，普通原因（随机原因、偶然原因）变差和特殊原因（可查明原因）变差。控制图的原理是根据正态分布理论，若过程只受随机因素的影响，即过程处于统计控制状态，则过程质量特性值有99.73%的数据落在控制界限内，且在中心线两侧随机分布。

控制图作为数据采集与处理的工具，有两个重要用途：分析用控制图，用于分析已经完成的过程是否存在特殊因素的影响，出现失控（不稳定）状态；控制用控制图，用于正在进行中的过程，可以告诉我们过程如何随时间变化，以保持过程的稳定受控状态。

在控制图中检验随机性经常使用如下四条原则：所有的点都应该没有固定的规律；大约2/3的点应该落在中心线附近；一些点应该落在控制限附近，但没有超出控制限；落在中心线上下的点的数量应该大致相等。

（七）散布图法

散布图也叫散点图、分布图、相关图，通过搜集成对两组数据，在坐标上用点表示，用于表征两个变量间是否具有相关性以及相关程度。

1. 散布图制作步骤

（1）确定要调查的两个变量，收集相关最新数据至少30组以上。

（2）找出两个变量的最大值与最小值，将两个变量描入X轴与Y轴。

（3）将相对应的两个变量，以点的形式标上坐标系。

（4）记入图名、制作者、制作时间等项目。

（5）判读散布图的相关性与相关程度。

2. 散布图使用注意事项

（1）不是所有变量间的关系都是线性的，可能的线性也仅仅存在于某个小的区间。

（2）由于散点图坐标轴的刻度的缩放，会导致变量间的相关关系不太直观明显。

（3）应当注意，强相关并不一定意味变量间存在因果关系。

（4）相关程度的统计学数量化描述需要使用相关系数r。

3. 散布图的分类

散布图的类型如表10-4所示。

表10-4　散布图的分类

分类		注释	图形
正相关	强正相关	当变量X增大时，另一个变量Y也增大，且各个点分散程度小	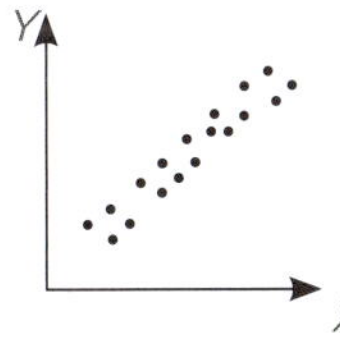
	弱正相关	当变量X增大时，另一个变量Y也增大，且各个点分散程度大	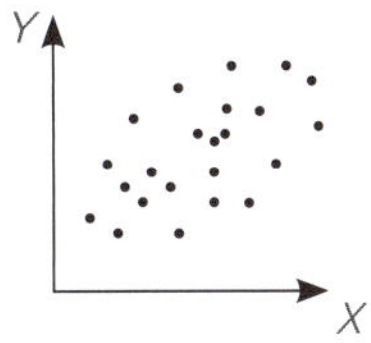

续表

分类		注释	图形
负相关	强负相关	当变量X增大时，另一个变量Y减小，且各个点分散程度小	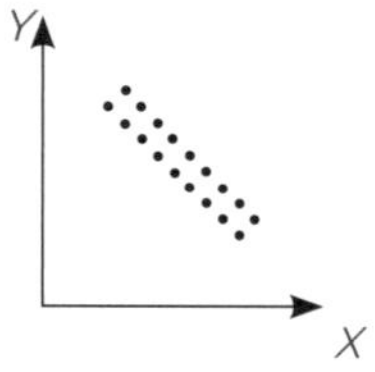
	弱负相关	当变量X增大时，另一个变量Y减小，且各个点分散程度大	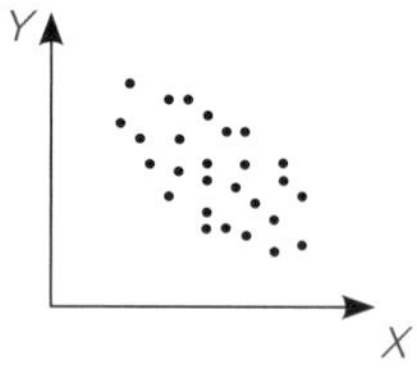
不相关		当变量X增大时，另一个变量Y并不改变（或无规则变化）	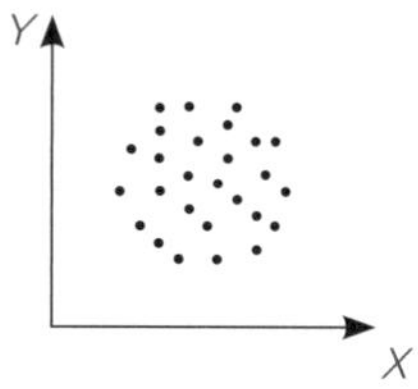
曲线相关（非线性相关）		当变量X增大时，另一个变量Y也随着增大，但达到某一个值时，则当X增大时，Y反而减小，反之亦然，呈现曲线变化关系	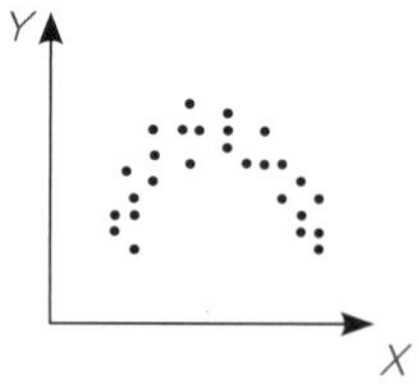

学生活动

1. 假如你是一名质检员，根据审核计划的安排将要参加某方便面加工厂的从业人员管理审核，请事先编制一份检查表，模拟现场审核并对检查表进行分析评价。

2. 假如你是一名食品安全员，发现酸奶出现胀包问题，请你利用因果分析图法进行分析。

附录

食品安全管理相关技术资料

GB 14881—2013
《食品安全国家标准
食品生产通用卫生规范》

《中华人民共和国
食品安全法》

《中华人民共和国
消防法》

《公共机构生活垃圾分类
工作评价参考标准》

《食品生产许可
管理办法》

QBJS 5—2005
《轻工业建设项目可行性
研究报告编制内容深度
规定》

GB 4806.1—2016
《食品安全国家标准
食品接触材料及制品
通用安全要求》

GB 9685—2016
《食品安全国家标准
食品接触材料及制品
用添加剂使用标准》

《中华人民共和国
传染病防治法》

《CNAS 实验室
认可规范文件清单》

GB/T 24616—2019
《冷藏、冷冻食品物流包
装、标志、运输和储存》

GB/T 27341—2009
《危害分析与关键控制点
（HACCP）体系 食品
生产企业通用要求》

GB/T 19538—2004
《危害分析与关键控制点
（HACCP）体系及其应
用指南》

GB/T 22004—2007
《食品安全管理体系
GB/T 22000—2006
的应用指南》

GB/T 22000—2006
《食品安全管理体系
食品链中各类组织的
要求》

GB 19304—2018
《食品安全国家标准
包装饮用水生产卫生
规范》

GB 31647—2018
《食品安全国家标准
食品添加剂生产通用
卫生规范》

GB/T 20575—2019
《鲜、冻肉生产良好操作
规范》

GB 20941—2016
《食品安全国家标准
水产制品生产卫生规范》

GB 31621—2014
《食品安全国家标准
食品经营过程卫生规范》

GB 31603—2015
《食品安全国家标准
食品接触材料及制品生
产通用卫生规范》

《中华人民共和国
突发事件应对法》

《突发公共卫生事件
应急条例》

《国家重大食品
安全事故应急预案》

《高等学校实验室
工作规程》

《高等学校消防安全
管理规定》

《危险化学品安全
管理条例》

参考文献

[1] 何思煌，罗文华．GMP实务教程［M］．北京：中国医药科技出版社，2021.

[2] 吴澎．食品安全管理体系概论［M］．北京：化学工业出版社，2017.

[3] 谢青．食品从业人员健康体检的质量控制管理［J］．职业与健康，2002（8）：54.

[4] 姜浩．食品安全与质量控制体系的构建研究［J］．食品安全导刊，2019（11）：25.

[5] 张晓燕．食品安全与质量管理［M］．北京：化学工业出版社，2010.

[6] 吴澎．食品安全管理体系概论［M］．北京：化学工业出版社，2017.

[7] 刘金福，陈宗道，陈绍军．食品质量与安全管理（第3版）［M］．北京：中国农业大学出版社，2016.

[8] 王秋捷．食品质量安全管理体系建设研究［J］．中国食品，2022（14）：97-99.

[9] 姜浩．食品安全与质量控制体系的构建研究［J］．食品安全导刊，2019（11）：25.